设计几何学

［美］金伯利·伊拉姆 著　沈亦楠 赵志勇 译

上海人民美術出版社

图书在版编目 (CIP) 数据

设计几何学 / (美) 金伯利·伊拉姆著；沈亦楠，赵志勇译 . —上海：
上海人民美术出版社，2018.1 (2019.9 重印)
(设计基础丛书)
书名原文：Geometry of design:Studies in proportion and composition
ISBN 978-7-5586-0589-5

Ⅰ . 设⋯　Ⅱ . ① 金⋯　② 沈⋯　③ 赵⋯　Ⅲ . ① 设计学—几何学
Ⅳ. ① TB21

中国版本图书馆 CIP 数据核字 (2017) 第 270335 号

本书简体中文版由上海人民美术出版社独家出版。
版权所有，侵权必究。
合同登记号：图字：09-2017-306

设计几何学

著　　者：[美] 金伯利·伊拉姆
译　　者：沈亦楠　赵志勇
责任编辑：丁　雯
统　　筹：丁　雯
流程编辑：孙　铭
封面设计：张志奇工作室
版式设计：陈　曦
技术编辑：季　卫
出版发行：上海人民美術出版社
　　　　　（地址：上海长乐路 672 弄 33 号　邮编：200040）
印　　刷：上海利丰雅高印刷有限公司
开　　本：787×1092　1/16　9 印张
版　　次：2018 年 1 月第 1 版
印　　次：2019 年 9 月第 4 次
书　　号：ISBN 978-7-5586-0589-5
定　　价：78.00 元

目 录

目 录

序 言

引自阿尔布雷特·丢勒所著的《论字母的正确造型》，1535年版

"……对于健全的判断力而言，最难容忍的就是一张毫无技巧可言的绘图了，即便该图中倾注了大量心血。画家没有意识到自身错误的唯一原因就在于他们没有学过几何学，所以也无法成为一名纯粹的艺术家。他们的导师必须对此承担责任，因为他们自己也对几何学一无所知。"

转引自1989年版的《当今印刷传播》一书中，马克斯·比尔在1949年发表的观点

"我认为主要基于数学思维来发展艺术是可能的。"

引自勒·柯布西耶所著的《走向新建筑》，1931年版

"几何学是人类的语言……人们发现了韵律，它们总是一眼可见，彼此间关系清晰。这些韵律是人类活动的根本所在，它在人们体内回响，是机体的必然性。这种优美的必然性让儿童、老人、野蛮人和博学者都能探寻到黄金分割比例。"

引自1968年出版的约瑟夫·米勒·布洛克曼所著的《平面艺术家与设计问题》

"……各种造型元素间的比例和间距关系在多数情况下都与遵循某种逻辑关系的数字规律有关。"

作为一名设计行家和设计教师，我屡屡看到许多优秀的概念性创意在成品转化的过程中遭到破坏，很大程度上由于设计师不了解视觉上的几何构图原理。这些原理包括古典比例系统，例如黄金分割、根号矩形、比率、比例、造型关系和辅助线。本书将从视觉角度阐释几何构图原理，并选择大量的专业海报、产品及建筑进行几何构图的视觉分析。

之所以选择这些作品是因为它们都经过了时间的考验，从各个方面来看，都是设计界的经典之作。作品按照年代排序，兼顾作品所处时代的风格和工艺，同时也体现出经典设计作品的恒久意义。尽管作品的时代和形式各不相同，有小幅平面作品，也有建筑结构图，但它们在几何学上却有显著的共性，那就是巧妙的想法和构建。

《设计几何学》一书并不是要通过几何学来量化美学，而是要揭示构成生活的根本要素之间的视觉关系，包括比例、生长模式和数学，借此洞察设计过程的内涵，并通过视觉结构阐释设计作品中的视觉关联。这种直达本质的过程能使艺术家和设计师找到他们个人及其工作的意义和价值。

金伯利·伊拉姆
瑞林艺术与设计学院

认知比例偏好

有史以来，不论在人工环境还是在自然界都记载着人类对于黄金分割比例的认知偏好。最早关于使用黄金分割比例矩形的记载可以追溯到公元前20至16世纪的史前巨石阵，其长宽比为1:1.618。在公元前5世纪的古希腊文字、艺术和建筑中也发现此类记载。此后，文艺复兴时期的艺术家和建筑师也在他们非凡的雕塑、绘画和建筑作品中研究、记录和运用黄金分割比例。除了人工作品，自然界中也能找到黄金分割，例如人体各部分的比例以及许多植物、动物和昆虫的生长结构。

出于对黄金分割的兴趣，德国心理学家古斯塔夫·费希纳在19世纪末调查了人们在面对黄金分割比例矩形时，对其特殊的审美意义的反应。此外，人们对黄金分割比例的喜爱是一种跨文化美学原型，并且早有记载。

对于矩形比例偏好的图表

比率: 宽/长	最喜爱的矩形 %费希纳实验	%劳罗实验	最不喜爱的矩形 %费希纳实验	%劳罗实验	
1:1	3.0	11.7	27.8	22.5	正方形
5:6	0.2	1.0	19.7	16.6	
4:5	2.0	1.3	9.4		
3:4	2.5	9.5	2.5	9.1	
7:10	7.7	5.6	1.2	2.5	
2:3	20.6	11.0	0.4	0.6	
5:8	35.0	30.3	0.0	0.0	黄金比例分割矩形
13:23	20.0	6.3	0.8	0.6	
1:2	7.5	8.0	2.5	12.5	叠加正方形
2:5	1.5	15.3	35.7	26.6	
总计:	100.0	100.0	100.0	100.1	

1:1
正方形   5:6   4:5   3:4   7:10

他在实验中广泛关注人工制成的物品,测量了数以千计的矩形物品,例如书籍、盒子、建筑物、纸板火柴、报纸等。他发现诸多物品的矩形长宽比的平均值为人们熟知的黄金分割比,即1:1.618,并且绝大多数人喜好接近于黄金分割的比例。费希纳进行了彻底而又随机的检测试验,后来查尔斯·劳罗在1908年用更科学的手段重复了这一测试,再后来又有许多人加入到这一行列,所有检测结果都惊人的相似。

矩形偏好的对比图

费希纳的最受欢迎的矩形的比例图,1876 ●
劳罗的比例图,1908 ■

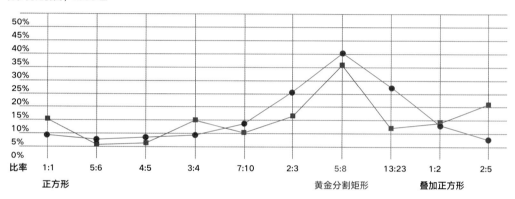

比率 1:1　5:6　4:5　3:4　7:10　2:3　5:8　13:23　1:2　2:5

正方形　　　　　　　　　　　　　　黄金分割矩形　　　叠加正方形

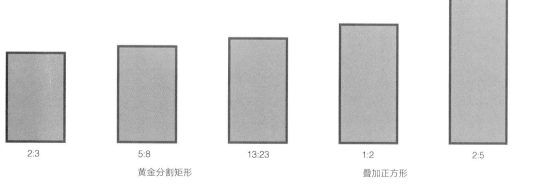

2:3　　　　5:8　　　　13:23　　　　1:2　　　　2:5

黄金分割矩形　　　　　　　　　　叠加正方形

自然界的比例

"黄金分割有种力量,它的特性能把不同的部分联合成一个整体,每个部分既能保持原来的特点,同时又能融入到一个形态更佳的整体中,创造出和谐的关系。"
引自基欧吉·达克兹所著的《极限的力量》,1994年版

对黄金分割的偏好并不局限在人类的审美中,在动植物等生命体的生长模式中也存在这一比例。

贝类的螺旋形外壳揭示了一种积累型生长模式,它成为许多科学和艺术研究的对象。这种生长模式下蕴含着黄金分割比例的对数螺线,被誉为完美的生长模式原理。

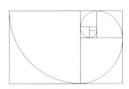

黄金分割螺旋形结构图
包含黄金分割矩形及其衍生的螺旋线

珍珠鹦鹉螺
珍珠鹦鹉螺螺旋形生长的横截面

大西洋日晷贝
螺旋形生长模式

月亮蜗牛贝
螺旋形生长模式

西奥多·安德烈亚斯·库克在他所著的《生命的曲线》一书中称这种生长模式为"生命的必然过程"。在螺旋体生长的每个阶段，新旧螺旋截面按照接近于黄金分割的比例增长。然而，生物的生长模式总是一步步接近，但从未达到精确的黄金分割比例。

正五边形和五角星也有黄金分割比例，许多生物中都能寻找到，例如海胆。正五边形的内部切分后能产生一个五角星形，五角星的任意两条边的比例为黄金分割比1:1.618。

长鼻螺生长模式和黄金分割比例的对比图

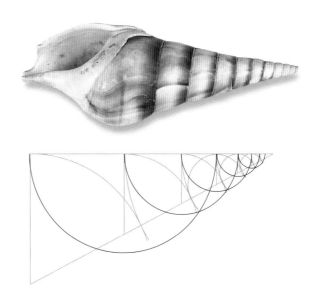

正五边形模式
因为五角星中的任意三角形的两条边的比例为1:1.618。在海胆和雪花上也能发现类似的正五边形或五角星的比例关系。

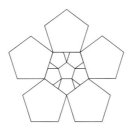
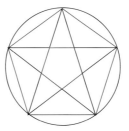

松球和向日葵也有类似的螺旋生长模式。它们的种子都沿着两种交叉反向螺旋线生长，并且每粒种子都同时拥有两种交叉螺旋线。对松球种子的螺旋线进行检测后能发现 8 条螺旋线沿顺时针方向生长，13 条螺旋线沿逆时针方向生长，非常接近于黄金分割比例。向日葵种子的顺时针螺旋线数和逆时针螺旋线数分别为 21 条和 34 条，也很接近于黄金分割比例。

不论是松球种子中的 8 和 13 两个数字，还是向日葵种子中的 21 和 34 两个数字，都为数学家们所熟知，它们是斐波那契数列中相邻的两个数字。该数列中的每个数字均为前两个数字之和：0、1、1、2、3、5、8、13、21、34、55……数列中相邻两个数字的比值逐渐接近于黄金分割比 1:1.618。

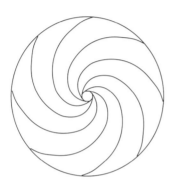 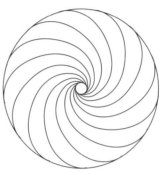 

松球的螺旋线生长模式

松球的每粒种子都同时拥有两种螺旋线，8 条顺时针螺旋线，13 条逆时针螺旋线。8:13 的比例正好是 1:1.615，十分接近于 1:1.618。

向日葵种子的螺旋线生长模式

跟松球种子相类似，向日葵种子也同时拥有两种螺旋线，21 条顺时针螺旋线，34 条逆时针螺旋线。21:34 的比例正好是 1:1.619，也十分接近于 1:1.618。

许多鱼类也与黄金分割有密切关系。在虹鳟鱼身上绘制的黄金分割结构图显示出鱼眼和尾鳍部分符合竖向黄金分割矩形和正方形的特征。此外，每个鱼鳍都具有黄金分割特点。蓝天使热带鱼则是黄金分割矩形的杰作，它的嘴部和鳃部正好位于竖向黄金分割比的鱼身的高度。

或许我们钟爱自然界和诸如贝类、花卉等生命体的原因，就在于我们潜意识中就偏爱黄金分割比例的造型和模式。

竖向黄金分割矩形

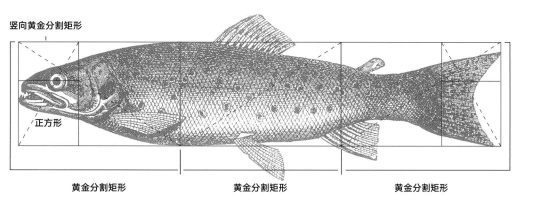

正方形

黄金分割矩形　　　　黄金分割矩形　　　　黄金分割矩形

鳟鱼的黄金分割比例分析

鳟鱼鱼身正好含有三个黄金分割矩形。鱼眼正好位于竖向黄金分割矩形的黄金分割点上，尾鳍也可以视为一个竖向黄金分割矩形。

蓝天使鱼的黄金分割比例分析

蓝天使鱼的整个鱼身就像一个黄金分割矩形。鱼嘴和鱼鳃位于竖向黄金分割矩形的黄金分割点上。

古典雕塑中的人体比例

人体和许多动植物一样都具有黄金分割比例。与其他已知的具备数学比例关系的生命体一样，人的面部和身体也有同样的特点，这也许就是人类的认知偏好黄金分割比例的一大原因。

关于人体比例和建筑的最早期的文字研究成果现存于罗马学者和建筑师马尔库斯·维特鲁威·波利奥，即我们熟知的维特鲁威的著述中。他建议庙宇建筑应该像人体比例一样完

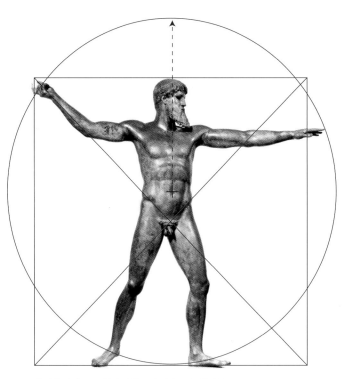 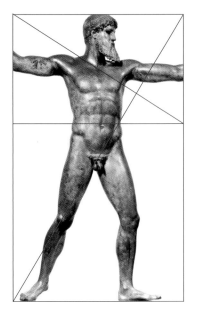

维特鲁威的经典著作中关于波塞顿雕塑的分析

人体外接一个正方形，双手和脚构成一个圆形，肚脐居中。人体被腹股沟划分为两部分。右图显示肚脐位于黄金分割点上。

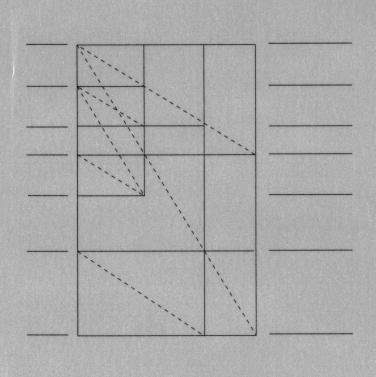

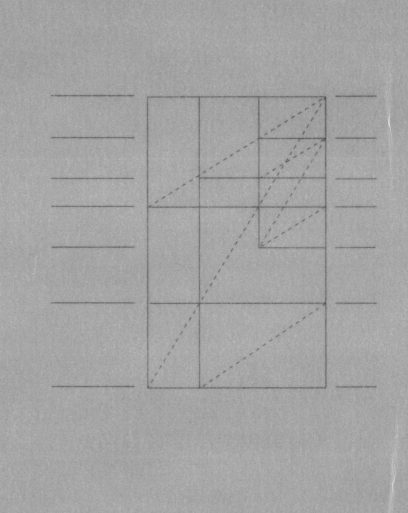

美，每个部分都和谐统一。维特鲁威解释道：一个身材比例匀称的人，其身高和臂展长度相同，手部和脚部能连成一个圆形，肚脐位于中央。在这一比例系统中，人体被腹股沟划分为两部分。《持长矛者》和《海神波塞顿像》都是公元前5世纪的创作，虽然它们由不同的雕塑家完成，但是两者都明显符合维特鲁威的经典论述，采用了几乎相同的比例结构。

多律弗路斯《持长矛者》

阿尔忒弥山《海神波塞顿像》

古希腊的黄金分割比例雕塑

我们可以由描图纸上的示意线看出，每个对角线为虚线的矩形都是黄金分割矩形，多个黄金分割矩形共用一条虚线对角线，两具雕塑的比例基本一致。

古典绘画中的人体比例

15 世纪末 16 世纪初文艺复兴时期的艺术家莱昂纳多·达·芬奇和阿尔布雷特·丢勒也因循了维特鲁威的著作,继承并发展了人体造型的比例结构。丢勒在他的《人体比例四书》(1528 年版)中试验绘制了大量人体比例结构。达·芬奇则尝试绘制了数学家卢卡·帕乔利的著作《神圣比例》(1509 年版)。

达·芬奇和丢勒的画作单独看来都明显符合维特鲁威的人体比例,如果将达·芬奇和丢勒的人体比例绘图重合在一起做进一步对比,会发现两者也与维特鲁威的人体比例几乎一致,唯一明显的区别在于面部比例。

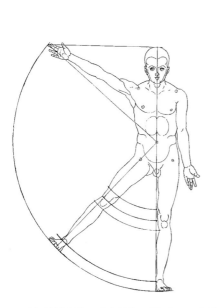

圆形中内接的人体,阿尔布雷特·丢勒,约1521年绘制

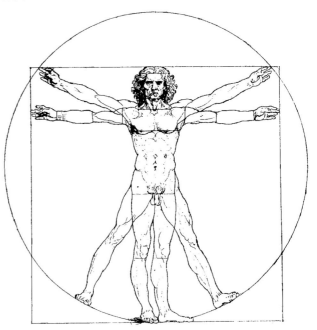

圆形中内接的人体比例图,达·芬奇,1485-1490年绘制

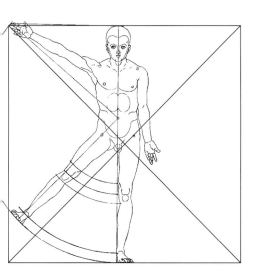

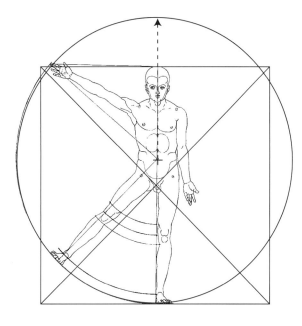

丢勒将维特鲁威的理论运用在圆形中内接的人体

人体外接一个正方形，双手和脚构成一个圆形，肚脐居中；
人体被腹股沟划分为两部分；肚脐位于黄金分割点上。

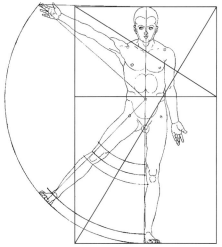

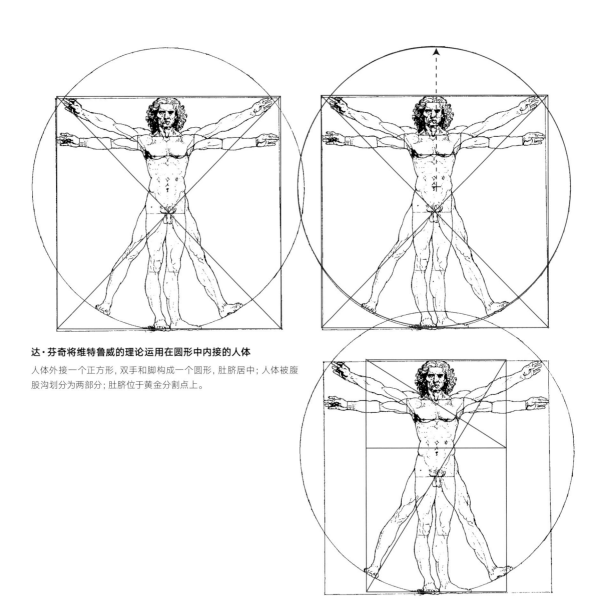

达·芬奇将维特鲁威的理论运用在圆形中内接的人体

人体外接一个正方形，双手和脚构成一个圆形，肚脐居中；人体被腹股沟划分为两部分；肚脐位于黄金分割点上。

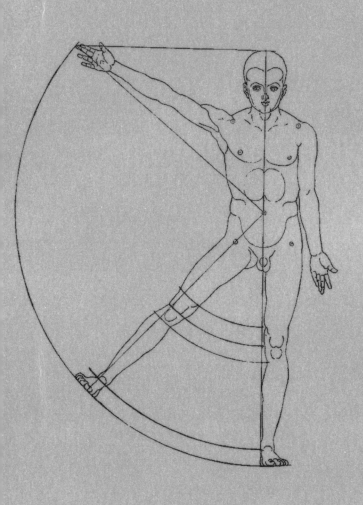

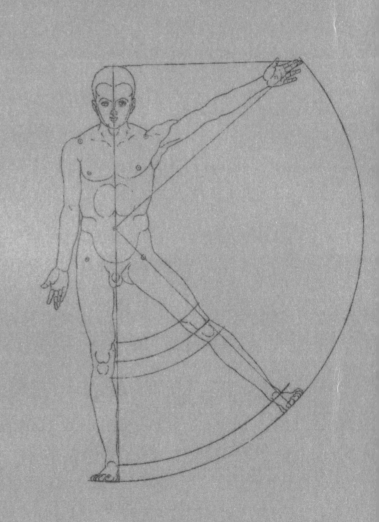

丢勒（红色）和达·芬奇（黑色）的人体比例图的比较

丢勒和达·芬奇绘制的人体比例基本一致。虽然他们在不同时间和地点进行绘制，但都遵循了维特鲁威的理论。

阿尔布雷特·丢勒绘制的
圆形中内接的人体

莱昂纳多·达·芬奇绘制的
圆形中内接的人体

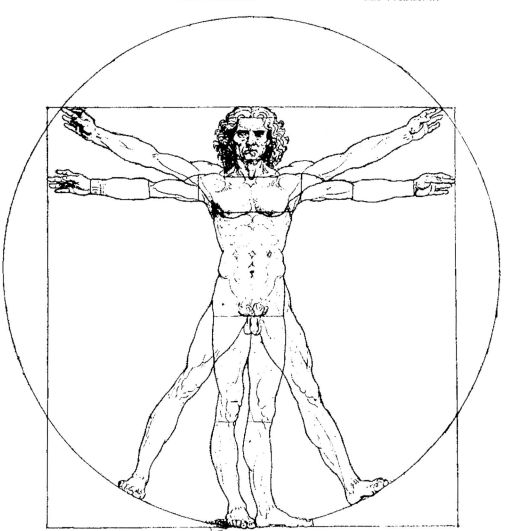

面部比例

维特鲁威的经典理论包括了人体比例和人体面部比例。面部特征的布局成为了希腊和罗马雕塑中常用的经典比例。

虽然莱昂纳多·达·芬奇和阿尔布雷特·丢勒都使用了维特鲁威关于人体比例的论述，但两人在面部比例方面却有所不同。达·芬奇绘制的面部比例参考了维特鲁威的比例，在他的人体比例图中可以看到模糊的构图线。

而丢勒却采用了迥然不同的面部比例。在他绘制的圆形中内接人体图里，面部整体特征靠下、额头很高，可能是当时所流

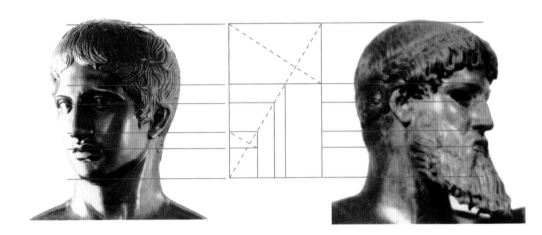

左图为多律弗路斯《持长矛者》头部的细部，右图为《海神波塞顿像》头部的细部

根据维特鲁威的经典著作所做的头部比例分析显示，两者的比例基本一致。如图所示，头部的长度和宽度符合黄金分割矩形的比例，此黄金分割矩形又可分解成较小的黄金分割矩形，以决定面部特征的布局。

丢勒的面部比例研究

四个头部范例摘取《人像学》《四种头像构成》，约 1526-1527 年出版。

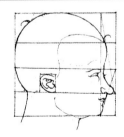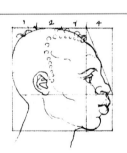

行的审美特征。整个面部被眉毛上端的直线分成两部分,眼睛、鼻子和嘴都在这一直线下方,同时脖子也被缩短了。丢勒在1528年版的《人体比例四书》中反复使用相同的面部比例来作图。丢勒还在他所著的《四种头像构成》中尝试了新的作图方式,他用斜线来绘制网格,从而画出不同的面部比例。

人类和其他生命体一样,除非从艺术家的眼光来写生、绘画或雕塑,否则不论是面部还是形体,都很少能达到完美的黄金分割比例。使用黄金分割比例的艺术家,尤其是古希腊艺术家,其实在努力将人体用理想的系统化方式呈现出来。

达·芬奇和丢勒的面部比例图比较

达·芬奇所绘制的圆形中内接的人体的细部(左图)和丢勒所绘制的圆形中内接的人体的细部(右图)比较,达·芬奇绘制的面部比例与维特鲁威的比例一致,丢勒采用了迥然不同的面部比例。

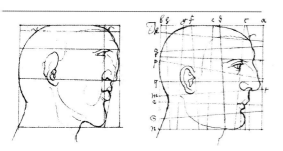

建筑比例

除了记录人体比例外，维特鲁威也是一个记录建筑和谐比例的建筑师。他坚持庙宇建筑应该像人体比例一样完美，各部分和谐统一。维特鲁威还将模块的概念引进建筑，就像他之前将人体头部或腿部长度，以组件测量的方式分析人体比例的做法。这一概念在整个建筑史中占有重要地位。

雅典的帕特农神庙是古希腊建筑比例体系的典范。通过简单分析就可得知，神庙的外立面是由一组可以进一步分解的黄金分割矩形所构成的。一个竖向的黄金分割矩形构成了楣梁、带饰和山形墙的高度。图示中最后分割矩形中的正方形部分显示了山形墙的高度，最小矩形则显示了带饰和楣梁的位置。

公元前约447-432年雅典帕特农神庙图，以及建筑与黄金分割比例的关系
根据黄金分割建筑图进行黄金分割比例分析

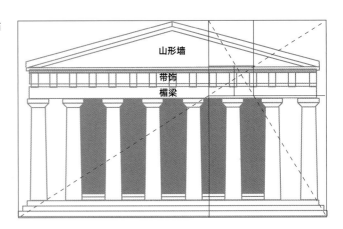

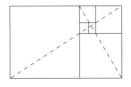

黄金分割的恰适分析
根据黄金分割的恰适概念图进行建筑的黄金分割比例分析

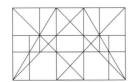

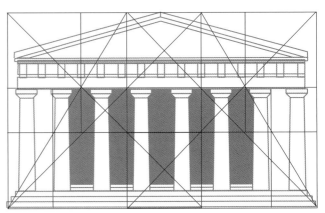

几个世纪后，建筑师在哥特式城堡建筑中也有意识地采用了"神圣比例"，或者黄金分割比例。勒·柯布西耶在《走向新建筑》一书中援引了巴黎圣母院外立面中正方形和圆形对于建筑体的作用。外立面外接黄金分割比例的矩形，矩形中的主体正方形包含了外立面的主要部分，而竖向黄金分割矩形则含

有两个塔楼。辅助线就是两条在天窗上方交叉的对角线，它们贯穿了建筑外立面带有装饰变化的主要结构的对角。如图所示，正门的门廊也符合黄金分割矩形的比例，中央气窗直径为正方形内接圆形直径的1/4。

巴黎圣母院，1163-1235年

在黄金分割矩形基础上所做的比例和辅助线分析。外立面整体符合黄金分割矩形比例。外立面下部包含于黄金分割矩形内接的正方形中，两个塔楼则外接竖向黄金分割矩形。同时，外立面下方结构也可以分成六个黄金分割矩形。

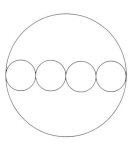

比例比较

中央气窗直径为外立面内接主体圆形直径的1/4

竖向黄金分割矩形

黄金分割矩形

黄金分割矩形中的正方形

勒·柯布西耶的辅助线

"辅助线是建筑不可或缺的因素,是建立秩序的必要条件,它能确保避免随心所欲,使人明了并获得满足。辅助线能成为引导工作的指引,但不是一个秘方。选好辅助线并良好地表现它与建筑创作密不可分。"

引自勒·柯布西耶所著的《走向新建筑》,1931年版

在《走向新建筑》一书中,勒·柯布西耶显示出他使用几何结构及数学概念的兴趣。此处他探讨了采用辅助线来创造建筑美感和秩序的必要性。有评论批评他:"你用辅助线扼杀了想象力,你造出了一个万金油。"他回应道:"历史提供了证明,人像、华石板、石刻、羊皮纸文卷、手稿和印刷品

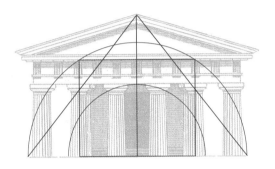 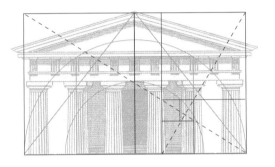

辅助线

勒·柯布西耶采用了进行简单分割的辅助线,可以决定高度及宽度的比例,并能明确柱子的放置位置,以及柱子与外立面的比例。建筑物外立面符合黄金分割矩形比例,对角线与中线交叉点就是楣梁所在的位置。

等，这些都是明证。即便最早期最原始的建筑师也鼓励使用手、足及前臂作为校准单位来进行测量，以此将任务变得系统和有序。同时，建筑比例与人体比例是互相对应的。"

勒·柯布西耶认为辅助线是"灵感爆发的决定性力量，是建筑生命力的关键因素"。之后的1942年，勒·柯布西耶发表了《模块：人类对建筑和机械的通用测量标准》一书。此书按时间顺序记载了他对于黄金分割和人体比例进行测算的数学计量方法论。

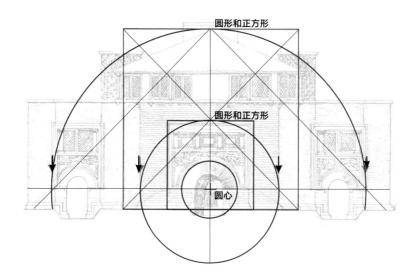

辅助线

如图所示，建筑物的外立面使用了一些辅助线，红色辅助线包括圆形、正方形和45°角。所有圆形都有同一个圆心，两个正方形分别与两个圆形顶端相交。窗框与最大的圆形相连，外立面与包含入口的圆形相连。

黄金分割矩形的绘制

黄金分割矩形的邻边比为"神圣比例",它的起源是:将一条线段分为两部分,整条线段的长度AB与次长线段AC的比例及线段AC与最短线段CB之间的比例是相同的。比例值约为1.61803:1,也可表示为 $\frac{1+\sqrt{5}}{2}$ 。

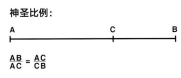

神圣比例:

$$\frac{AB}{AC} = \frac{AC}{CB}$$

黄金分割矩形的正方形绘制法

1. 画一个正方形。

2. 在一边的中点A向对角B画一条对角线,利用这条对角线为半径画圆弧,相交于正方形底边延长线上的C点。较小的矩形和正方形合成一个黄金分割矩形。

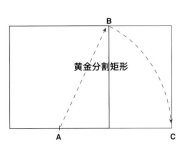

黄金分割矩形

3. 对黄金分割矩形进行分解,可分解出一个较小的黄金分割矩形,也会出现一个较小的正方形,这一正方形被称为"晷折形"。

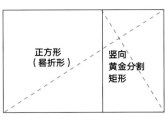

正方形
(晷折形)

竖向
黄金分割
矩形

4. 这一分解过程可以无限持续下去,产生更小的黄金分割矩形和类似的正方形。

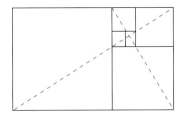

黄金分割矩形的特殊之处在于当它被分解后，竖向矩形部分能再分成一个较小的黄金分割矩形和一个正方形。由于具备这一持续分解的属性，黄金分割矩形也被认为是"螺旋生成的方矩形"。如果以等比例减小的正方形的边长为半径画弧线，能连成一条螺旋线。

黄金分割螺旋线的绘制
利用黄金分割矩形可持续分解的属性可以绘制一条黄金分割螺旋线。使用持续分解的正方形的边长为半径画弧线，然后连接每段弧线，可以构成螺旋线。

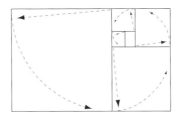

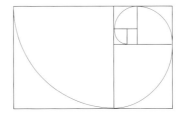

等比正方形
持续分解黄金分割矩形后产生的正方形相互间也符合黄金分割比例。

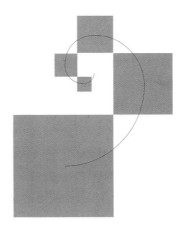

黄金分割矩形的三角形绘制法

1. 绘制一个邻边比为1:2的直角三角形。以D点为圆心，DA线段为半径画弧，相交于斜边。

2. 以C点为圆心，CE线段为半径画弧，相交于底边。

3. 以弧线与底边相交的B点为起点，向上画垂线，相交于斜边。

4. 通过将AB和BC线段作为矩形的边长，可以绘制黄金比例。分解三角形后能得到黄金分割矩形的边长，因为AB和BC线段的比例为1:1.618。

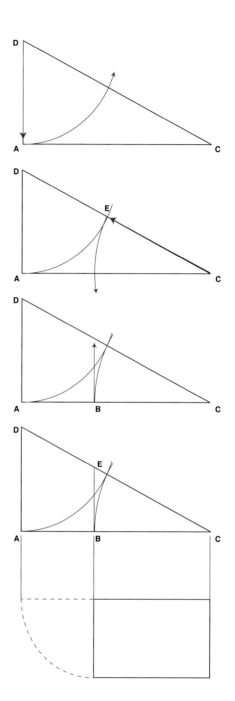

黄金分割比例

分解三角形能产生黄金分割比例, 从而得到黄金分割矩形的边长。如下图所示, 运用相同方法也能绘制一系列相互形成黄金分割比例的圆形和正方形。

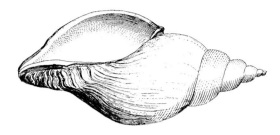

直径　AB = BC + CD
直径　BC = CD + DE
直径　CD = DE + EF
以此类推

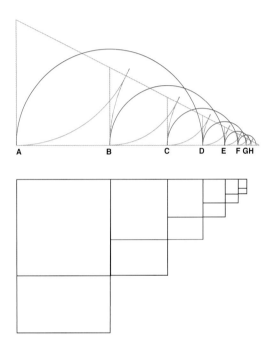

黄金分割矩形 + 正方形 = 黄金分割矩形

A + B = AB

ABC + C = ABC

ABCD + D = ABCD

ABCDE + E = ABCDE

ABCDEF + F = ABCDEF

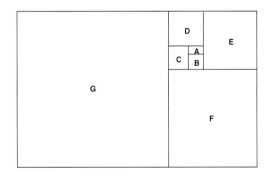

圆形和正方形中的黄金分割比例

用三角形绘制黄金分割比例的方法，还可以绘制出一系列相互呈黄金分割比例的圆形和正方形。

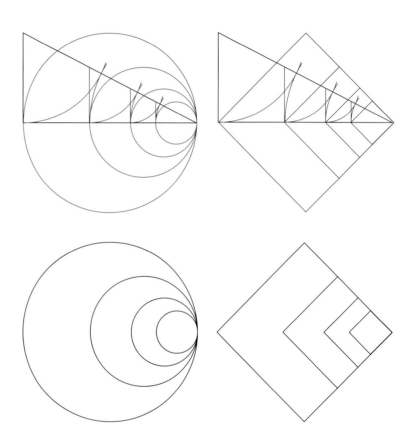

黄金分割和斐波那契数列

黄金分割比例的属性与一组被称为"斐波那契数列"的数字非常接近。该数列是以比萨的列昂纳多·斐波那契命名的。约800年前,他将数列与十进制一起引进入欧洲。这组数列中的数字:1、1、2、3、5、8、13、21、34……都是将前两个数字相加后得出第三个数字。例如1+1=2, 1+2=3, 2=3=5,

以此类推。这种比例模式与黄金分割比例体系十分类似。数列中位列前几位的数字的比值接近于黄金分割比。从第15位数字之后开始,任意一个数字除以其后一位数字的数值接近0.618,除以其前面的一位数字的数值接近1.618。

斐波那契数列

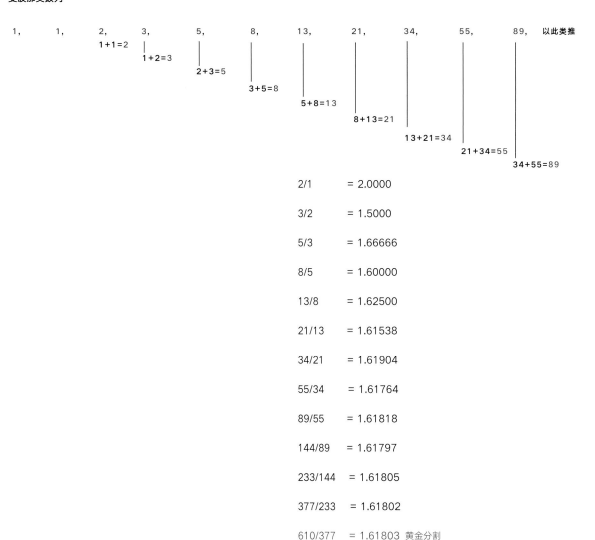

| 1, | 1, | 2, | 3, | 5, | 8, | 13, | 21, | 34, | 55, | 89, | 以此类推 |

1+1=2
1+2=3
2+3=5
3+5=8
5+8=13
8+13=21
13+21=34
21+34=55
34+55=89

2/1　　　= 2.0000

3/2　　　= 1.5000

5/3　　　= 1.66666

8/5　　　= 1.60000

13/8　　　= 1.62500

21/13　　= 1.61538

34/21　　= 1.61904

55/34　　= 1.61764

89/55　　= 1.61818

144/89　　= 1.61797

233/144　= 1.61805

377/233　= 1.61802

610/377　= 1.61803 黄金分割

黄金分割三角形和椭圆形

黄金分割三角形为等腰三角形,两腰相等,它也被誉为"庄严"三角形。因为它与黄金分割矩形有着相似的属性,大多数人都喜爱这类三角形。在正五边形中能轻易绘制出顶角为36°、底角为72°的黄金分割三角形。将其旁边的三角形的底角与相对的正五边形的顶点相连,可以在五边形中分解出另一个黄金分割三角形。用对角线将所有顶点相连可以

绘制出一个五角星形。正十边形中,将中心与任意两个顶点相连,也能绘制一个黄金分割三角形。

如图所示,黄金分割椭圆形与黄金分割矩形及黄金分割三角形具备类似的美学属性。它跟黄金分割矩形一样,长轴和短轴比为1:1.618。

从正五边形绘制黄金分割三角形

先绘制一个正五边形,将底角与顶角相连,就可以绘制出一个顶角为36°、底角为72°的黄金分割三角形。

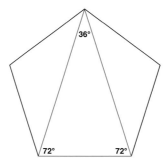

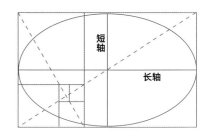

黄金分割矩形内接黄金分割椭圆形

从正五边形绘制其他黄金分割三角形

正五边形也可绘制出其他黄金分割三角形,方法是将另一侧三角形的底角与相对应的顶点相连。

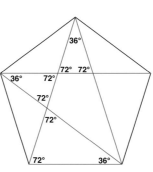

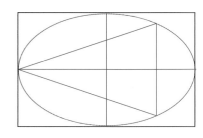

内接于一个黄金分割矩形和黄金分割椭圆形中的黄金分割三角形

从正十边形绘制黄金分割三角形

首先绘制一个正十边形,将任意两个顶点与中心相连,便可绘制一个黄金分割三角形。

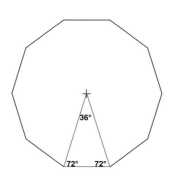

五角星形的黄金分割比例

将正五边形的对角线连接五个顶点可以绘制五角星形,而它的中央是另一个正五边形,该步骤可以重复进行,分解出一系列正五边形和较小的五角星,该过程与黄金分割比例有关,被称为"毕达哥拉斯鲁特琴"。

用黄金分割三角形绘制黄金分割螺旋线

在黄金分割三角形的底角做一个36°角后,该黄金分割三角形能分解成一系列较小的黄金分割三角形,用分解后的三角形腰长作为半径,能绘制出一条螺旋线。

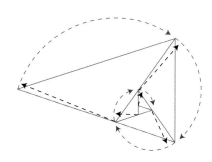

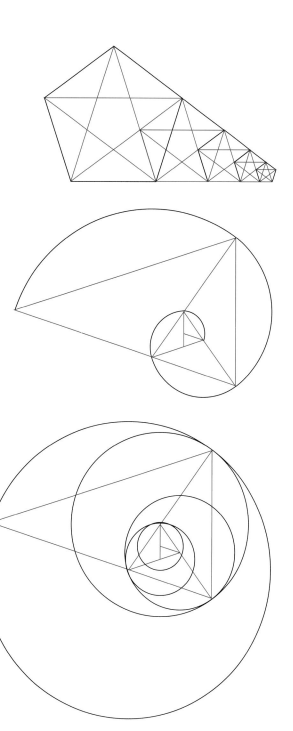

黄金分割动态矩形

所有矩形可归为两类: 有理分数比例静态矩形, 如边长比为1/2、2/3、3/3、3/4等比率的矩形和无理分数比例动态矩形, 如边长比为√2、√3、√5、Φ等比率的矩形。静态矩形分解时并不能得出一系列视觉上令人舒适的图形比例, 因为这些分解可以预判, 有规律可循, 没有过多变化。但是, 动态矩形能衍生出无限视觉上令人舒适的并具有和谐感的图形比例, 因为这些比例含有无理数。

一个动态矩形分解成一系列和谐图形的过程十分简单。首先用对角线将顶角相连, 然后绘制与矩形和对角线相交的平行线和垂线, 构成网状形式即可。

黄金分割动态矩形

这组图例引自《艺术与生活中的几何学》一书。它们描述了对黄金分割矩形进行和谐分解的过程。左图中红色标记的矩形显示了黄金分割矩形的构图过程。中图灰色和红色标记的矩形表示红色的黄金分割矩形是由灰色线条通过恰适分解而绘制的。右图黑色标记的矩形只显示出被恰适分解的部分。

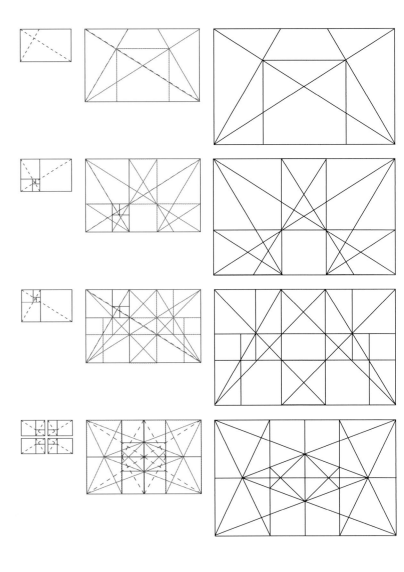

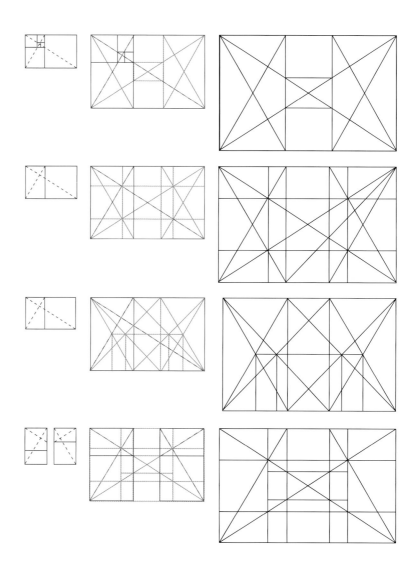

√2矩形的绘制

√2矩形的特殊性质在于它能无限分解成等比例的更小的 √2 矩形。这意味着将一个 √2 矩形一分为二，会产生两个 √2 矩形；一分为四，会产生四个 √2 矩形，以此类推。

需要注意的是，√2 矩形的边长为1:1.41，非常接近于黄金分割比例1:1.618。

一正方形建立 √2 矩形的方法

1.绘制一个正方形。

2. 在正方形内画对角线，并以对角线为半径画弧线，相交于底边延长线，将图形按矩形的形状闭合后，就是一个 √2 矩形。

√2 矩形的分解

1.√2 矩形可以分解为两个较小的 √2 矩形。用中线将 √2 矩形一分为二产生较小的矩形，再将较小的 √2 矩形一分为二，能得到更小的√2矩形。

2.继续上述过程，可以产生无限个 √2 矩形。

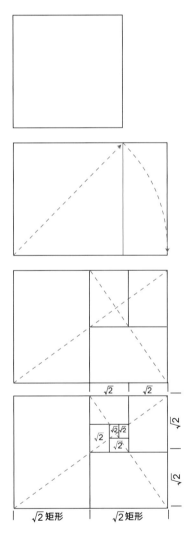

以圆形建立 $\sqrt{2}$ 矩形的方法

1. $\sqrt{2}$ 矩形还可以用圆形绘制方式来构建。首先画一个圆形,并画一个内接正方形。

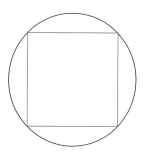

2. 将正方形一组对边向外延伸,并与圆形相接,就能绘制出一个 $\sqrt{2}$ 矩形。

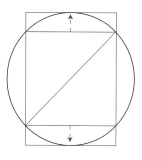

$\sqrt{2}$ 递减螺旋线

画出竖向 $\sqrt{2}$ 矩形的对角线,将各对角线相连后就可绘制 $\sqrt{2}$ 递减螺旋线。

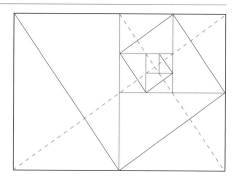

$\sqrt{2}$ 矩形的等比关系

持续分解一个 $\sqrt{2}$ 矩形能绘制一系列减少的等比例 $\sqrt{2}$ 矩形。

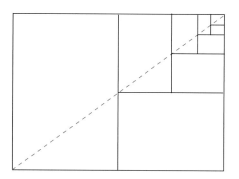

德国工业标准用纸的纸张规格

$\sqrt{2}$ 矩形的特殊性在于它能无限分解出等比例减小的矩形。由于这一性质，$\sqrt{2}$ 矩形成为了欧洲DIN（德国工业标准）标准纸张规格的基础，它也因此成为本书中引用的大量欧洲海报所使用的尺寸。将纸张对折后能分成两个半页或一张对开的纸，折叠4次能产生四个页面或八页印刷面，以此类推。这种规格非常高效，并且优化了纸张的利用率，杜绝了浪费。那些具有海报宣传历史的欧洲城市将其街头的海报展示区域按照上述比例进行了标准化设计。$\sqrt{2}$ 矩形具有减少浪费的功能，而且能严格遵循黄金分割的美学特性。

$\sqrt{2}$ 动态矩形

$\sqrt{2}$ 矩形进行恰适分解及合并后，能形成与原始矩形比例相同的矩形，基于这一特点，$\sqrt{2}$矩形与黄金分割矩形一样，也被称为动态矩形。

恰适分解的步骤是，首先绘制对角线，随后绘制与矩形边线和对角线相交的平行线和垂线，构成网状形式。$\sqrt{2}$ 矩形也能绘制出相同数量的竖向矩形。

$\sqrt{2}$ 矩形的恰适分解方式

左图所示，将$\sqrt{2}$矩形分解成16个较小的$\sqrt{2}$矩形。右图所示，将 $\sqrt{2}$ 矩形分解成四列并绘制相邻三角形。

左图所示，将$\sqrt{2}$矩形分解成九个更小的$\sqrt{2}$矩形。右图所示，将 $\sqrt{2}$ 矩形分解成三个较小的$\sqrt{2}$矩形和三个正方形。

左图所示，将$\sqrt{2}$矩形分解成五个更小的$\sqrt{2}$矩形和两个正方形。右图所示，将$\sqrt{2}$矩形分解成两个$\sqrt{2}$矩形。

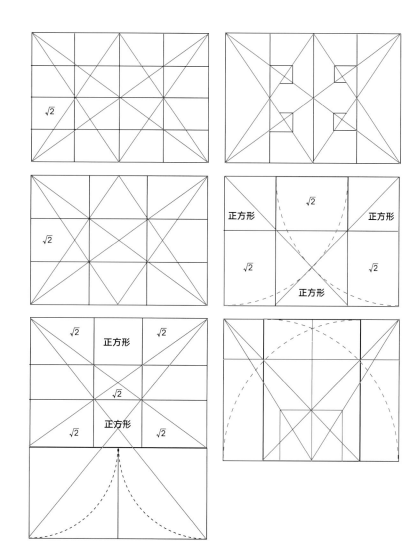

√3 矩形

与√2矩形一样, √3矩形、√4矩形和√5矩形都可以分解为相似属性的矩形。这些矩形都可以进行水平方向或垂直方向的分解。√3矩形可以分解成三个垂直方向的矩形, 其中任意一个又可被分解为三个水平方向的√3矩形。

√3矩形具有构建六棱柱体的特性, 我们可在自然界中的雪花结晶、蜂巢及宝石切割面等物质中找到这类六棱柱体。

√3 矩形的绘制方法

1. 首先绘制一个√2矩形。

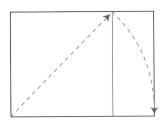

2. 在√2矩形内画对角线, 以对角线为半径画弧线, 相交于底边延长线上, 将图形按矩形的形状闭合后, 就是一个√3矩形。

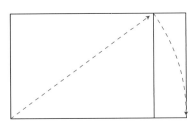

√3矩形的分解

√3矩形可以分解成三个较小的√3矩形。将√3矩形三等分, 形成三个较小的√3矩形, 持续该步骤可以绘制出无数个√3矩形。

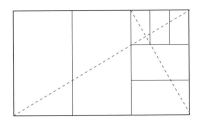

正六边形的绘制方法

可以在 $\sqrt{3}$ 矩形的基础上绘制
正六边形。将 $\sqrt{3}$ 矩形延中轴
旋转，使两个顶角相交后，就
能绘制出一个正六边形。

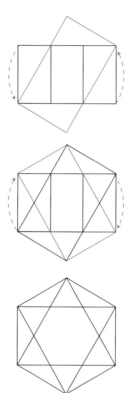

√4 矩形

√4 矩形的绘制方法

1. 首先绘制一个 √3 矩形。

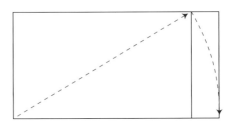

2. 在 √3 矩形内画对角线, 以对角线为半径画弧线, 相交于底边延长线上, 将图形按矩形的形状闭合后, 就是一个 √4 矩形。

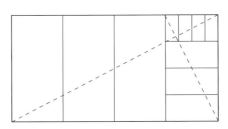

√4 矩形的分解

√4 矩形可以分解成四个较小的 √4 矩形。将 √4 矩形四等分, 形成四个较小的 √4 矩形, 持续该步骤可以绘制出无数个 √4 矩形。

√5 矩形

√5 矩形的绘制方法

1. 首先绘制一个 √4 矩形。

2. 在 √4 矩形内画对角线, 以对角线为半径画弧线, 相交于底边延长线上, 将图形按矩形的形状闭合后, 就是一个 √5 矩形。

√5 矩形的分解

√5 矩形可以分解成五个较小的 √5 矩形。将 √5 矩形五等分, 形成五个较小的 √5 矩形, 持续该步骤可以绘制出无数个 √5 矩形。

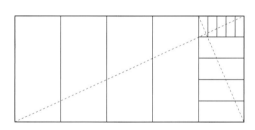

√5 矩形的正方形绘制方法

√5 矩形的另一种绘制方法是先画一个正方形, 取底边中点, 以中点至顶角距离为半径画弧线, 与正方形底边的两侧延长线相交。

正方形两侧的矩形都是黄金分割矩形, 任意一个与中间的正方形都能合成另一个黄金分割矩形。两个矩形都与正方形合并后, 就产生了一个 √5 矩形。

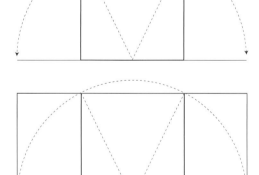

各种根号矩形的比较

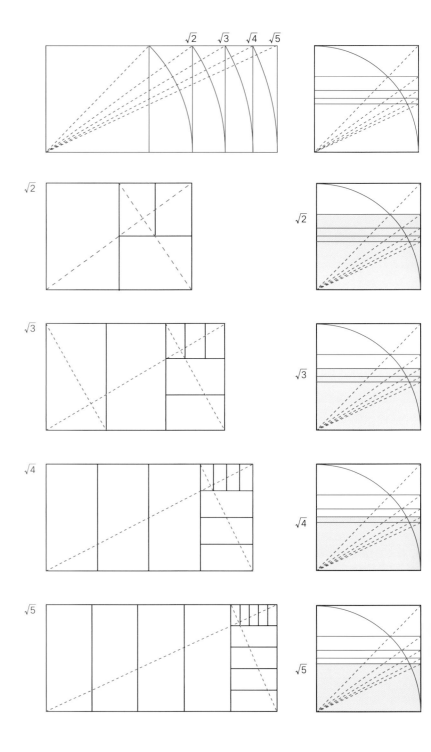

设计的视觉分析

如果要分析平面设计、插图、建筑和产品设计等作品,最佳的着手方法莫过于从勒·柯布西耶的论述开始。

在《模块》一书中,勒·柯布西耶以一位巴黎年轻人的身份,写下了他的"启示":某一天,他在巴黎的一间小屋里点着一盏油灯,灯下的桌上零落地放着一些带有照片的明信片。他的目光恰好停留在一张印有米开朗基罗作品《罗马国会大厦》的明信片上。他拿起另一张明信片,背面朝上,灵光一闪间,他将明信片的一角(直角)投射到国会大厦的外立面上,瞬间它就被一个熟悉的事实镇住了:那个直角掌控了整个外立面的构图。这对他来说是种启示,也是一种必然。同样,塞尚的画作也得到了类似的测试结果。但柯布西耶对此效果却产生了怀疑,他自我辩解说,艺术作品的构图是由某些规则所决定的,有的规则是有意识的、明显的和微妙的,有些则可能是频繁使用的套路。它们有时会隐含在艺术家创造性的本能之中,塞尚的作品基本就属于此类,达到了直觉上的和谐。但米开朗基罗属于另一种类型,他的作品趋向遵循有预判的、深思熟虑的、有意识的构图。

由此勒·柯布西耶明确自己的信念的是奥古斯特·舒瓦其《建筑史》中的一些关于辅助线的篇章,他想到是否还有类似于控制整个构图的辅助线一类的东西。

1918年勒·柯布西耶开始狂热地绘图。开始绘制的是两幅随兴所至的作品,1919年开始的第三张,整个板面都布局有序,产生了较好的效果。接着他开始第四张图,在第三张的基础上有所改进,用分类设计来整体把握,统一风格并完善结构。在1920年勒·柯布西耶完成了一系列绘图(1921年杜鲁埃画廊展出了这些作品),所有绘图都严格按照几何学绘制,并采用了两个数学方法:直角分布和黄金分割。

勒·柯布西耶的发现对所有艺术家、设计师和建筑师都有启发作用。理解基本的几何构图原理能让一件创意作品具备构图上的整体感,使作品的每一个部分都有视觉归属。通过阐明几何学、结构、比例等原理,我们可以更好地理解许多设计师和建筑师的动机和逻辑。不论使用严密的几何学是下意识的还是深思熟虑的举动,是严谨的还是随性的念头,几何学都能使观者深入洞悉作品的制作过程,并对艺术家的决定做出理性的解释。

几何分析的过程

几何分析认为比例系统和辅助线构成了艺术作品、建筑、产品和平面设计作品中构图的整体性。虽然这种分析并没考虑到概念、文化和传媒的影响，但它的确阐明了一些构图规则，并且通过比例和校准的量化测量方式明确了观者积极的直觉反应。

几何分析的价值在于它能发现作品背后艺术家、建筑师和设计师的设计理念和原则。它们是构图中的关键因素，引导设计的方向，发现设计师如何在构图中安排这些元素，能洞悉设计师们做出的决定。几何分析的过程就是调查、试验和发现的过程。在这一过程中我们并没有严格的规程，只有几个世纪以来沿用并发展的一些构图方法。

勒·柯布西耶关于辅助线的概念在几何分析中非常重要，因为它们显示出整体构图中必要的相互关系。有些作品并不符合古典比例体系，但构图中的一些相互关系仍可以用辅助线来分析，比如揭示作品中各构图元素、组织原则和视觉方向的组合关系。

本书之所以选中这些作品，是因为它们都可以用几何学分析，在这一过程中读者可以获得感悟。建筑师对作品中因为使用比例体系而获益之处十分敏锐，因此本书中许多椅子、家用产品和建筑物中的物品都由建筑师设计。欧洲的平面设计师也对比例体系及其作用高度敏感，在宣传材料和街头海报中对 $\sqrt{2}$ 矩形的标准化使用让人们更精确地理解比例体系及它在设计中的作用。

比例的几何分析

作品的比例对于构图而言至关重要，因为它建立了一系列视觉关系，不仅有长、宽比，还有作品各元素与整体间的关系。很少有观者会注意到具体的比例，但他们会感受到比例产生的和谐性和各元素间的相关性。

简言之，比例就是矩形的长宽比或是一些常用的比例体系，包括黄金分割比例 1:1.618，以及接近于 √2 比例的 1:1.41、

1:2、2:3、3:4 等比例。这些比例可以用数学方法来计算，也可以通过作品的结构图和原始作品尺寸做比较而得出。当我们用数学方式计算比例时，可以测量矩形的长度和宽度，如果必要，也可以将测量值转换为比值。例如可以用 A 边除以 B 边，A 边 =20 英寸（50.8 厘米），B 边 =10 英寸（25.4 厘米），那么 A/B=20/10 或 2:1 的比例。

6.5英寸（16.51厘米）框内宽度

10.06英寸（25.55厘米）框内长度

《斗牛 20》戈雅 1815-1816 年

戈雅创作的这幅铜版画捕捉到了斗牛士在斗牛比赛中类似杂技一样的动态瞬间。戈雅被认为是最后一位古典主义画家，他向前辈们学习绘画方式。他很可能意识到并使用了比例系统，并根据古典绘画传统进行构图。显而易见，垂直的竖杆、画面中央的形

象，如斗牛士、公牛以及它们的位置都是精心安排的。印刷后的作品除去画框的比例是 10.06×6.5 英寸（25.5524×16.51 厘米）。用数学方法计算比例则是 10.06/6.5=1.55，所以比例为 1:1.55，接近黄金分割比例 1:1.618。

比例的几何分析

比例的几何分析

由于画作结构的比例与黄金分割比例接近，所以在印刷作品上方放置一个黄金分割比例的图示，可以发现，两者十分吻合。通过两者的对比可以观察画作的构图原理：

1. 画中的对角线正好与斗牛士腾空角度一致，它穿过斗牛士的头部、肩部和腿部，并穿过公牛的后腿；
2. 垂直的竖杆正好位于竖向黄金分割矩形的边线的左侧；
3. 斗牛士的头部位于最小的竖向黄金分割矩形内；
4. 竖向黄金分割矩形中正方形的顶部正好将斗兽场的结构包含在内。

对称的黄金分割矩形

将黄金分割矩形对称绘制后，可以获得更多信息，并能做出进一步的观察：

1. 对称作从左上方至右下方的对角线，正好穿过斗牛士的脚部、公牛角、阴影以及公牛脖子的弧线；
2. 公牛尾巴正好触及竖向黄金分割矩形的对角线；
3. 画面的中心正好位于公牛展现动感的颈部和斗牛士腾空的腿部的空间。斗兽场结构的水平线正好位于中心点上方。

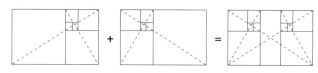

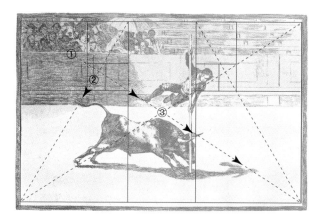

构图网格的几何分析

虽然戈雅的《斗牛20》作品的构图似乎可以用黄金分割矩形来分析，但这一发现并不能排除其他构图体系存在的可能性。在黄金分割比例的分析中，最有说服力的辅助线是对角间所作的辅助线。实际上相同的对角线在网格结构中也存在。斗牛士手中的竖杆虽然接近于黄金分割矩形中的边线，但并不在正好一致的位置上。作品中处于主导地位的竖杆和斗兽场结构的水平线说明或许还有另一种构图结构的存在。下图描述了寻找网格系统的过程。

确定网格系统的第一步

要在艺术或设计作品中寻找一个网格结构，首先要找出作品中主要的垂直线和平行线。此幅作品的构图中非常重要的垂直是斗牛士手中的竖杆，水平线则是斗兽场的水平结构线。三条线段成为了构成网格系统的起点。

建立网格系统

如上图所示，通过找出潜在的网格线，可以提示我们找到之后的网格线。此幅作品中5×5的网格结构非常适宜。5×5的结构创造了非对称结构。公牛被闭合在四个网格中，斗兽场结构和观众占据了顶端两排网格。

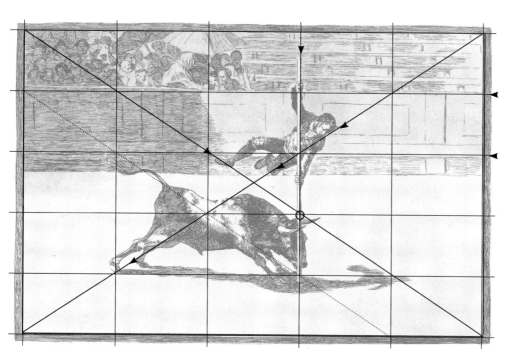

网格和对角线分析

对角线描绘出斗牛者和公牛形态的角度。垂线位置是占主导地位的竖杆，水平线位置是斗兽场结构和观众席。网格线中的每个矩形都是一个视觉块面，由于对角线正好能穿过所有视觉块面的顶角，所以每个视觉块面都是相同比例的。

黄金分割点

黄金分割矩形内接正方形与另一个竖向黄金分割矩形内接正方形的交汇点被称为黄金分割点，它一直受到文艺复兴时期画家的钟爱，画家们将其作为引起观者兴趣的构图要点。这个点处在非中心对称的位置上，位于中心右侧并略微向下的位置。

黄金分割点的概念适用于所有矩形。想要找到矩形的黄金分割点，可以在它上面画5×5的网格。黄金分割点位于右侧第二列和下方第二行位置。不论矩形比例是什么，绘制左上至右下方的对角线都能穿过这个点。在戈雅的《斗牛 20》作品中，红色的黄金分割点正好在公牛角的上方。

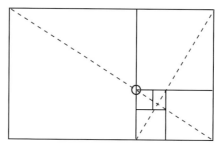

黄金分割点

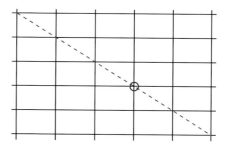

矩形的黄金分割点

矩形方格化分割的几何分析

矩形方格化分割的几何分析有点类似于黄金分割分析法，它也叫"懒人黄金分割法"。矩形方格化分割的构图分析法使用到一个边长与矩形宽度一致的正方形，将其一边分别与图案的左边线和右边线重合，得到的垂线和对角线创造了一个新的构图结构。每个横向矩形都可以用左右两个重叠的正方形来划分，每个竖向矩形则可用上下两个正方形来划分。矩形方格化分割的结构显示出一种非对称结构，帮助艺术家在构图中安排绘图元素，产生有趣的视觉效果，并在绘图元素、布局和矩形画面中形成合乎比例的关系。左右两个方格的重叠部分所形成的矩形可以二次方格化分割，用同样的方法，在上下两个正方形重合的部分还能进一步沿用此法进行分割。

《隆香赛马场》 埃德加·德加（原名依列尔·日耳曼·埃德加·德加）约1873-1875年

埃德加·德加就读于巴黎美术学院，然后赴意大利求学，临摹拉斐尔和波提切利这些古典主义绘画大师的杰作。他以芭蕾舞者的画作而闻名，但赛马也是他喜爱的绘画主题，《隆香赛马场》是其赛马题材的作品之一。

矩形方格化分割

使用矩形方格化分割方式来构图。左侧红色方格的一条边将前景中两个骑士正好一分为二，右侧黑色方格的一条边将七位骑士分成两组。由红黑两个方格所产生的四条对角线正好沿赛马和骑士的角度将他们分成左右两组。画面中心穿粉色绸衣的骑士其实正好位于画面垂线中心靠右的位置，他的头部位于两条对角线的交汇点。

右侧方格左边线　　　　　　　左侧方格右边线

横向矩形

左侧方格

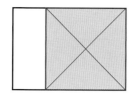

右侧方格

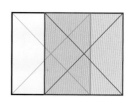

左右两侧方格的重叠部分

二次矩形方格化分割

如上图所示，左右两侧经矩形方格化分割所产生的重叠部分是一个竖向矩形，在重叠部分可以用两个正方形构成次级矩形方格化的分割形式，产生上下两条水平线。这块区域包含了构图的中心部分，正好显示了图中上部山谷和天际的分界线以及下部草地的界线。

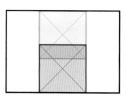

二次矩形方格化分割的顶部和底部

对角线和中心点的几何分析

视觉分析的最简单的工具就是在画面上绘制对角线。对角线是最具动态的线条，指明视线运动的方向。任何正方形和矩形的对角线都能穿过构图的中心，并且都能用于构图分析。古典主义绘画经常使用对角线，由于观者的眼光会沿对角线移动，所以与对角线相关的要素能让画面看起来很舒适、布局合理。

对角线交汇于中心，人眼也会自觉地寻找中心点，所以中心位置在任何构图中都至关重要。如下图所示，在阿尔伯特·巴尔特森的《根特的夜晚》中，所有对象都成非对称分布。有趣的是，驳船的桨架恰好位于中心位置，能让观者的目光稍作停留。

《根特的夜晚》 阿尔伯特·巴尔特森 1903年

比较随意的观者不太会关注到画作《根特的夜晚》中对角线的重要作用。几近于正方形的画面上，观者会注意到运河、船只和城景，而不太会注意构图的比例。画中最大的物体是前景中的驳船，对角线紧贴着船身左侧，穿过了位于画面中心树立着的桨架。另一条对角线沿着建筑物的边界穿过月亮的位置。

三分法的几何分析

在艺术和设计中，奇数是神奇的数字，用它们充当构图工具能构建非对称画面，使构图产生有趣的视觉效果。三分法的原理提示我们，当画面被水平和垂直线三等分后，四个交点围成的空间是画面的视觉中心。画家和设计师利用交点和它们周边的空间来构图，并决定四个交叉点在视觉上的权重。

了解了三分法后，艺术家和设计师能自然而然地将注意力集中在重要的构图位置，并控制整个画面空间。构图要点未必会直接安置在交叉点上，如果安排在交叉点附近的位置，同样可以吸引注意力。

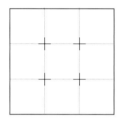

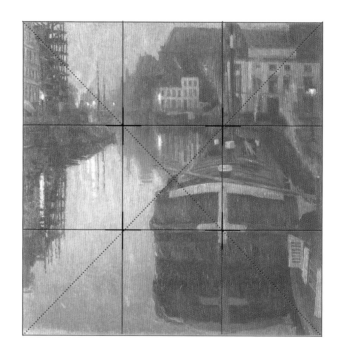

三分法网格的原理

在《根特的夜晚》画作上画一个3×3的网格，能发现构图结构的奥妙。建筑物和它们的倒影占据了左侧一栏，船尾被右侧网格线一分为二，驳船上涂白色油漆的部分正好与右下网格线交点重合。一道水中的灯光倒影位于左下网格交点下方。上方两个交点正好与水面和船头相交，对角线穿过这些交叉点。

维也纳椅（14号椅），迈克·索耐特，1859年

自从迈克·索耐特在1859年发明了后来被称为"维也纳椅"的"14号椅"后，该椅子以其改良的曲木工艺、高效的流水线生产、重量轻、耐用以及低廉的三基尔德（17世纪到19世纪通用于荷兰、德国、奥地利的金币）售价，在全球各地都获得了巨大的成功。索耐特在19世纪30年代发明了曲木技术并在1842年获得了该项技术的专利。1851年当他在伦敦水晶宫参加展出后，索耐特的家具走上了一条通往世界的道路，他对曲木技术的运用为20世纪家具技术的革新奠定了基础，例如阿尔瓦·阿尔托及查尔斯·伊姆斯的复合板弯曲成形技术，以及密斯·凡·德·罗和马塞尔·布劳耶的金属管弯曲技术。

维也纳椅（14号椅）

摘自迈克·索耐特作品集的插图

维也纳椅的衍生品

三个不同款式的维也纳椅：
20号、29号、31号

追求价廉物美的设计和产品制造成为了索耐特设计家具的动力源泉。维也纳椅运输方便,拆开后仅有六个部分:带有压缩环来撑开藤面椅垫的圆形椅座、两条前腿、一条构成椅背和后腿的曲木、支撑椅背的较小曲木圈以及支撑椅腿的曲木圈。维也纳椅风靡于世的时候,产生了100多种不同款式。

整张椅子的比例十分悦目,曲线流畅,视线很容易随锥形椅腿的造型向上延伸,停留在椅背的曲线上。虽然木材是坚硬的材料,但椅子曲线和环形的造型还是会吸引使用者坐上去休息片刻。

黄金分割椭圆

椅背上的两个椭圆形呈黄金分割比例。看上去这种支撑结构不像是预先设计的,而是曲木生产工艺自然产生的形态,曲度与木材的特性吻合。曲木的生产过程包括用车床将矩形木材切出暗销结构,然后将木材浸泡在水中蒸压后取出,放入模型脱水硬化。

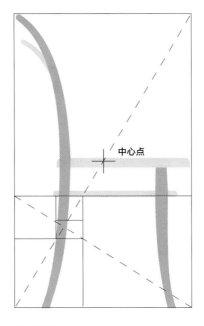

中心点

黄金分割矩形

椅子的侧视图正好符合黄金分割矩形。黄金分割矩形的黄金分割线位于支撑四条腿的环形木条上。椅背内部支撑结构的末端靠近黄金分割矩形中的大正方形。

女神酒吧间海报，朱利斯·谢列特，1877年

朱利斯·谢列特创作的女神酒吧间海报捕捉到了一组舞者的动作瞬间，画面迷人、富有动态。第一眼看去会感到整个画面的构图自然，且没采用几何构图，但仔细观察后会发现画面中的视觉结构精心布局过。舞蹈者的肢体动作构成了一个近似于内接圆形的正五边形。

将正五边形进行分解后能得到一个五角星形，内接相同比例的正五边形。五角星形内的三角形两邻边比为黄金分割比例1:1.618。海报的中心正好位于女舞者的臀部中心位置，两位男舞者的腿部构成一个倒置三角形，顶点与五角星形的顶点重合，正好把女舞者包含在内。根据几何学结构，每个肢体部分和肩部都仔细安放。

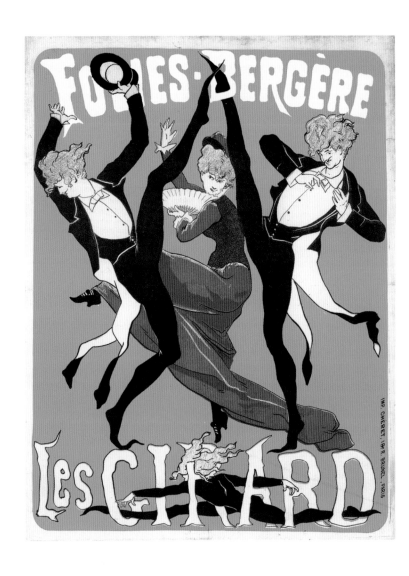

五角星形

将正五边形进行分解后能得到五角星形, 中心位置也是一个正五边形。此处有黄金分割比例, 三角形 B、C 两等边与第三边 A 边的比例为黄金分割比例 1:1618。

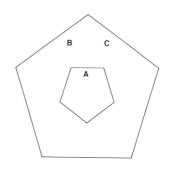

几何分析

三个舞者肢体先内接于圆形中, 然后被正五边形和五角星形包围, 最后又被正五边形包围, 中心点落在女舞者的臀部。甚至是画面底部的小孩形象也和构图结构相关, 他的头部正好处在圆形和正五边形边线之间。

黄金分割三角形

两名男舞者的腿部构成的三角形为黄金分割三角形。

57

安涅尔浴场，乔治·皮埃拉·修拉，1883年

乔治·皮埃拉·修拉在欧洲一流的美术院校——巴黎高等美术学院接受古典主义美术教育。这所高校是美术教育的权威，在展览和艺术展作品的挑选上具有决定权。被该校录取意味着美术世界已向你打开大门，未来的前途不可估量。学校课程要求严格，学生必须修习古希腊和古罗马的艺术和建筑作品，包括数学原理。就在这所学校里，修拉学习了视觉

构图以及包括黄金分割在内的比例系统。

《安涅尔浴场》是修拉作为一名画家的第一幅里程碑式的作品，完成时他年仅24岁。作品尺幅很大，为79×118英寸（201×300厘米）。但知名的巴黎沙龙拒绝了该作品参展，修拉旋即与其他一些艺术家组建了"独立艺术家协会"。此

后，该作品与其他400幅作品一起在协会的展览中展出。由于此画的体量很大，只好挂在展览旁边的啤酒厅里，很少有观众留意，人们的态度不冷不热，由于描绘了一群工人在盛夏的某天享受游泳的普通主题，这幅画也遭到了一些诟病。修拉对色彩很着迷，他尝试并发展了交叉排线的绘画技法，

将它命名为"扫色"，并把它运用到画作中。这种技法在前景处用平刷绘图、笔触较粗，在背景处笔触略细，从而增强画面的纵深和透视。后来，修拉又创造了另一种笔法"点彩法"，他的第二幅也是最后一幅杰作《大碗岛上的一个星期日》就采用了这一技法。

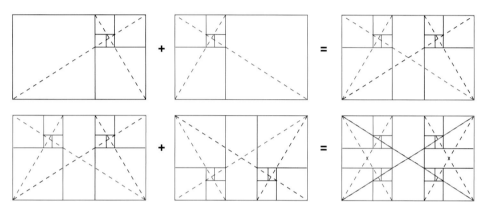

绘制动态黄金分割矩形

动态黄金分割矩形包含了四个互相重叠的黄金分割矩形。先绘制一个矩形，然后复制后垂直翻转，再次复制后水平翻转。

动态黄金分割矩形

在画面上覆盖一个动态黄金分割矩形，可以发现坐着的人物正好处于画面的焦点，在黄金分割矩形的正方形位置上。地平线正好位于竖向黄金分割矩形的正方形边线上。画面中的对角线有些沿着坐在河边的人的脖子和手臂的角度交叉，有些触及水中人物的背部，两个躺在地上的人物，以及背景里坐着的人物。

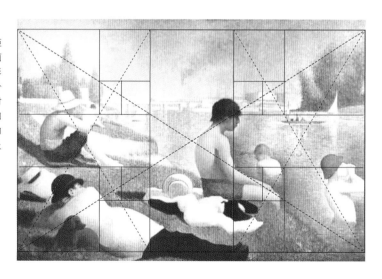

矩形方格化分割

《安涅尔浴场》画作是个横向矩形,左边蓝色正方形图示是一个矩形方格化分割。正方形靠右的位置是端坐着的主要人物,水中的两个人物在矩形格化分割之外。如果将矩形方格化分割图放置在矩形右边,它正好分开了躺着的人物和远处坐着休息的人物。

左侧方格

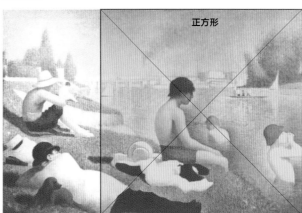

右侧方格

矩形方格化分割和网格

把左右两例的方格都覆在画面上,画面被纵向分成了三列,再添加两条水平线后,画面横向又被分成了三列,从而形成了3×3的网格结构。网格中的每一小格与整幅画面的比例是一致的。

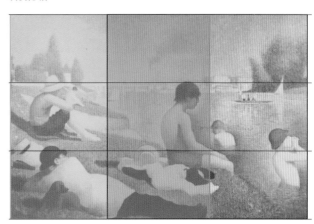

3×3 网格与左右侧方格重叠

3×3对角线网格

在3×3网格中绘制对角线能够揭示画作的布局走向和构图。画作中大量的构图要素都与网格对角线相呼应：1. 前景中躺着的人物；2. 背景中坐着的人物的腿部；3. 最大一个坐着的人物的下垂的颈部、手臂和腿部；4. 水中人物的手臂；5. 草地以及背景中的树产生的角度与对角线产生呼应；6. 地平线与顶端第三条水平网格线一致。

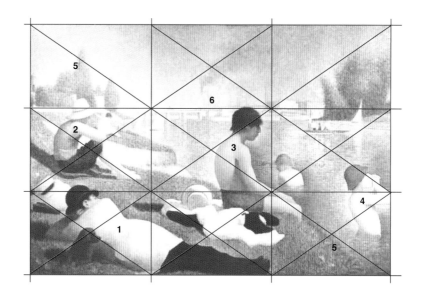

圆形

画作中戴帽子的头部由圆形构成，引导着观者的视线。所有较大的圆形基本同一尺寸。水中体量较小的游泳者的头部也是圆形构图，直径是比较大的头部圆形的一半。远景中坐着的人物的头部又比较小的游泳者的头部直径小一半，使得所有人物的头部都呈相同的比例。观者的视线能随这些圆形移动，并将它们按一定的模式组合。

色彩

作品的色彩也能抓住观者的眼球。铁锈红反复出现在小狗、泳者的泳裤、帽子和坐垫上。观者能将一块块红色按照三角形的图形联系在一起，形成视觉回路。

职业海报，朱利斯·谢列特，1889年

朱利斯·谢列特是一位石版印刷大师，人们认为他把套色石版印刷术上升到了艺术的高度。他13岁当学徒时开始接触套色石版印刷知识，他接受的唯一正规教育是国立美术学院开设的一门课程，也许正是这门课向他提供了几何学和构图知识。虽然谢列特接受的正规教育有限，但是他将欧洲几大艺术博物馆都看成了自己的私人学校，认真学习大师们的作品。

谢列特的海报能一夜成名，源于他对色彩出色的运用，并使用了深受人喜欢的插图形象。他熟悉套色石版印刷的工序，并充分利用这门技术，他也十分了解构图原理，在这幅作品和其他作品中将它们整合运用。

五角星形和构图比例

作一个内接五角星形的圆形,可以发现海报的构图是基于"正五边形页面"的比例体系。海报的底部正好与正五边形底部重合,顶角延伸至五边形外,与圆形相交。

分析

在海报中心点做出的一个圆形控制着海报的人物、文字"JOB"的布局。右上左下的对角线穿过了人物的头部、眼部和手部,视觉上安排合理。左上右下的对角线穿过人物的肩部和臀部。

红磨坊舞会，亨利·德·图卢兹-劳德里克，1889-1890年

在巴黎蒙马特，谈及波西米亚风格艺术，亨利·德·图卢兹-劳德里克是个不能忽略的名字。先天出生缺陷和十几岁时腿骨骨折的经历导致了他与众不同，有正常人的身躯，但腿部矮小。生理上的局限使他全身心绘画。他家境富裕，终生受到鼓励和经济支持。小时候他受过一些非正规的艺术教育，后来师从古典肖像绘画大师雷昂·博纳特。博纳特后来成为巴黎高等美术学院的院长。

红磨坊歌舞演出自1888年开始，比起蒙马特其他舞厅的低俗表演，红磨坊吸引了更多的有产阶层。图卢兹-劳德里克捕捉了舞会的场景，在作品中将其再现出来。前景中有一位衣着华丽的安详的女士，远处有一个活跃奔放的舞者，正抬起双腿，展现她的短裙，两者形成鲜明的反差。图卢兹-劳德里克充分使用了色彩，将观者的视线聚焦于两个中心人物上，分别是前景中穿粉色的女士和头戴红帽、脚穿红袜的舞者。

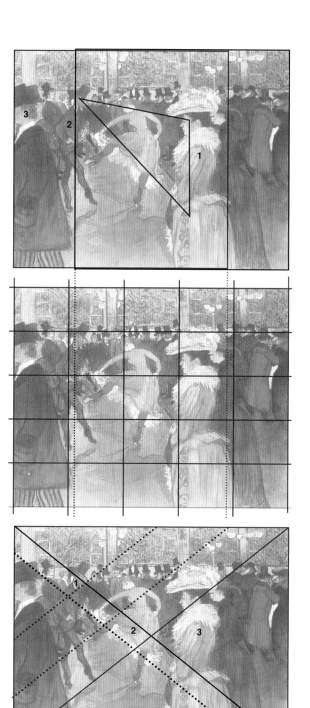

矩形方格化分割

矩形方格化分割的构图分析法揭示出前景中穿粉色衣服的女士(标记为1号人物)在左侧矩形方格化分割正方形中。中景中的男士(标记为2号人物)处于右侧褐色矩形方格化分割正方形的左边线上。前景中的男士(标记为3号人物)只显示出部分身体,身处左侧方格里。视线焦点在两个重叠的方格的中间部分,以及画作中心正在跳舞的舞者和穿粉色衣服的安详的女士构成的三条对角线上。如果观者将三人联系在一起观看,正好构成一个三角形。图卢兹-劳德里克将人脸裁切或隐藏了一部分,所以观者能明显注意到画面中间的三个人物。

网格

5×5网格可以标注出画作的构图要素。左右两列网格线与上述矩形方格化分割的边线位置很近。显眼的地平线位于网格最上面一行,穿过人群的帽子。前景中女士和男士分割的空间基本一致,女士身上鲜亮的粉色和黄色使得她们看起来比较靠前,而暗沉的棕色和灰色使得男士们的位置向后靠。

对角线和画作中心

左上右下实心黑色对角线将中景中的男士(标记为1)的头部、跳舞的女士(标记为2)的裙子联系起来。右上左下实心红色对角线将前景中女士的头部和中景中男士(标记为1)的脚尖联系起来。女舞者被安放在非对称的靠左侧位置,一条对角线穿过她抬起的腿部,与男士手臂位置的角度一致。

走进红磨坊的拉·古留，亨利·德·图卢兹-劳德里克，1892年

由于罹患重度残疾和侏儒症，图卢兹-劳德里克终其一生都受到人们的嘲弄，只能从社会边缘人物如歌舞厅演员和妓女身上找到被接纳的感觉。他们是劳德里克的朋友、爱人，也是他绘画和写生中喜爱的主题。

画作的中心人物是拉·古留，原名叫路易·韦伯，是当时红磨坊鼎鼎有名的舞者。拉·古留会踢掉舞厅老主顾的帽子，

趁他们捡帽子的当口，一边跳舞一边迅速喝掉他们杯子里的酒。劳德里克把她描绘成俏皮、泼辣、老练的女性。她轻快明亮的服饰颜色被两边穿深色服装的女性衬托出来。图卢兹-劳德里克是控制视线走向的大师，他用低胸裙子构成对角线，并用手臂的角度构成其他对角线。拉·古留右手精致纤细，左边挽着她的人物的手形如动物，形成鲜明对比。

三分法和矩形方格化分割构图分析

三分法和矩形方格化分割都可以用来分析该画作。上图中矩形方格化分割法可以看出人物的腰部至眼部处于突出地位。左图的三分法显示人物的身体处于画作中心矩形位置，腰部和手部在底部矩形的位置，和水平线一致的打开的窗户处于顶端矩形位置，正好穿过中心人物的嘴唇。

对角线和网格

上图中对角线勾勒出左侧半露着身体的人物的肩部和头部位置，并穿过了右下角的手部。左图中最有说服力的对角线穿过了中心人物的低领和低胸裙子。手臂和右手的位置也具有相同的对角线角度。画作垂直方向也可大致分为三等分，中心人物处于略偏左侧的非对称位置。

阿盖尔椅，查尔斯·马金托什，1897年

查尔斯·马金托什是一位建筑师、画家和家具设计师。他的家具设计与世纪之交的新艺术派和工艺美术运动有关，作品比例夸张，使用造型感强的几何形状和简约的装饰，具备独特的视觉语言，在今天看来仍然令人震撼。他认为建筑、室内装潢和家具必须完全和谐统一。

1896年马金托什获得了脾气古怪但又名声显赫的女商人凯特·格兰斯顿的订单，为她的阿盖尔街茶室设计壁画和灯架。为了给茶室腾出空间，马金托什设计了带有高椭圆椅背的阿盖尔椅，这是他设计的第一款高背椅，也被认为是第一把真正原创的"马金托什椅"，标志着马金托什走上了独具特色的家具设计之路。

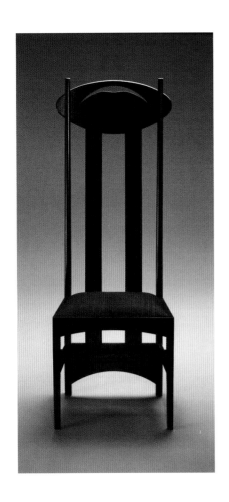

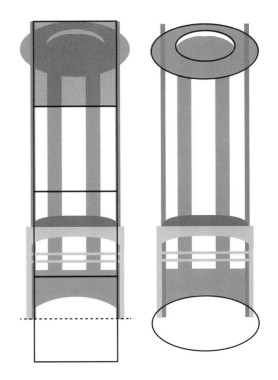

阿盖尔椅的比例

阿盖尔椅的高度瞬间就能抓住人的眼球。由于椅子的后腿向上延伸并超过了卵形靠背和与之贴合的平背板，使椅子看起来更高了。椅子的比例大致为1:7，椅垫略向外延伸，顶端椭圆形曲线与卵形椅背镂空掉的被称为"飞鸟"的部分比例一致，也与后腿之间支撑结构的比例一致。

希尔住宅椅，查尔斯·马金托什，1902年

富有的格拉斯克出版商沃尔特·布兰奇对马金托什设计的格拉斯克艺术学院大加赞赏，邀请马金托什为他进行住宅设计。布兰奇并不喜欢维多利亚时代的浓重装饰，而偏爱马金托什的简洁风格和设计比例，所以他授权马金托什充分发挥他的想法，深入观察细节，结果希尔住宅成了马金托什最大最精致的住宅设计作品。

希尔住宅椅的椅背为狭窄的阶梯形，从底部至顶部排列着横条，所以外观精致，器形很高。它并不是一个坐具，而是主卧室中两块区域的视觉隔断。卧室墙壁和其他室内家具都漆成白色，所以乌木色和视角很高的椅子就显得十分引人注目。与阿盖尔椅一样，希尔住宅椅也有类似的装饰元素，在椅背顶端有网格点阵。

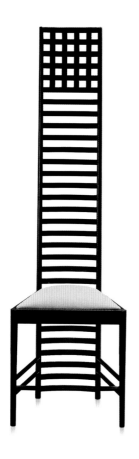

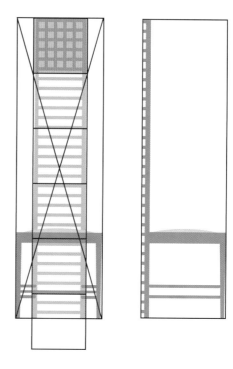

希尔住宅椅比例

狭长椅背上的阶梯式横木一直伸向地板，使希尔住宅椅看上去更高。椅背比例为1:11，可以用一系列正方形和数字5来分析比例。阶梯式椅背可以分解成5.5个正方形，每个正方形内有5.5个隔层，最顶层的网格结构有5×5个小正方形。

杨柳茶室椅，查尔斯·马金托什，1904年

杨柳茶室是凯特·格兰斯顿金融帝国的另外一个大手笔，也是当时最奢华的建筑，女富商与马金托什互相信任，彼此欣赏，所以她全权委托马金托什设计整个建筑、室内装修和家具，最终诞生了一栋格拉斯克地区前所未有的最现代、内部装修最华丽的建筑，观众和好奇的人们蜂拥而至，茶室赢得了一片好评。

杨柳茶室椅是马金托什家居设计中最为考究的一件作品。它既是女士茶区与后部起居室的点状隔断，也是茶室经理的座椅，可以一边坐着一边收服务生的订单。呈几何点状图形的椅背像一棵杨柳，多多少少分隔了茶室的前厅和后厅。室内其他家具也使用了网状结构，但没有茶室椅精巧。

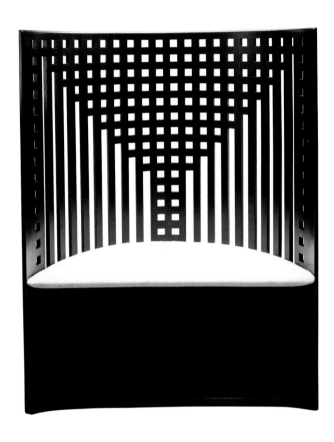

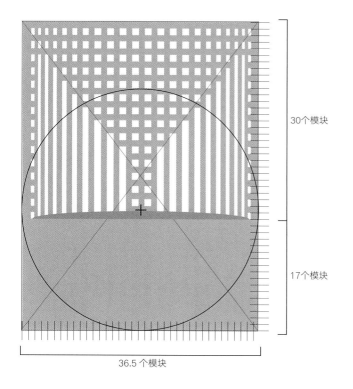

30个模块

17个模块

36.5 个模块

杨柳茶室椅

椅子的比例和形状都给人深刻的印象。椅背曲线近似于一个半圆,上面纯粹的网格样式具有重复感,直角和圆弧形成对比,看上去十分舒适。半圆形的椅子在室内独立摆放,它的方形网格将它与其他椅子、室内装饰和整体建筑联系在一起。

椅子的比例跟圆弧形有关。从正视图看,椅子的整体设计都与椅垫的中心位置相关。

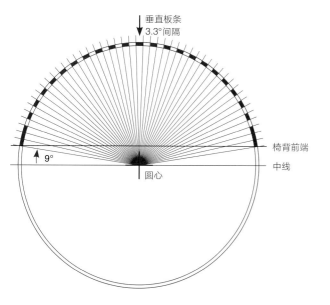

垂直板条
3.3°间隔

椅背前端

中线

9°

圆心

包豪斯展览海报，弗里兹·施莱弗，1922年

弗里兹·施莱弗在1922年的设计作品《包豪斯展览》中向结构主义理想表示了敬意。为了表达结构主义概念，海报中的人脸侧写和字体设计被抽象成了机械时代简单的几何图形。

几何形人脸的原始创意起源于奥斯卡·施莱默的包豪斯校徽，简化了水平和垂直线后，形成了五个简单的矩形。最小的嘴部矩形成了度量其他矩形宽度的模块。

字体设计与脸部的矩形要素结构一致，与严谨的成角度的矩形人脸相呼应，字体的造型与1920年西奥·冯·杜斯伯格的创意有相似之处。

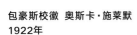
**包豪斯校徽 奥斯卡·施莱默
1922年**

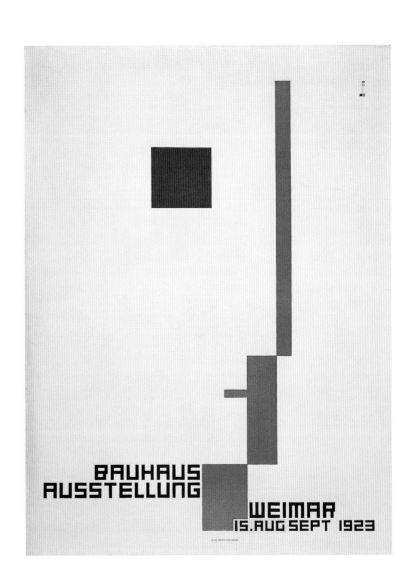

字体设计

字体设计建立在一个5×5单位的正方形上，最宽的字母M和W占据整个正方形空间，它们的每一笔和笔画缝隙都设定为1个单位，窄型字母占据5×4正方形单位，每一笔同样占据1个单位，但笔画缝隙扩大至2个单位。B和R字母进行了变形，转向处缩进0.5个单位，这样用来区分字母R和A以及字母B和数字8。

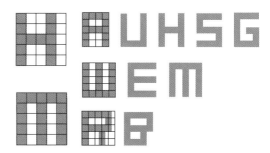

分析

眼部与中轴垂线相接，脸部其他部位在中轴附近呈非对称排列，颈部矩形的上下两侧排列文字。

矩形宽度比例

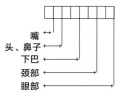

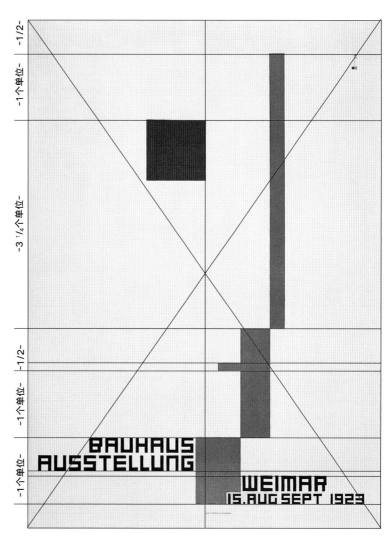

不屈者海报，阿道夫·穆伦·卡桑德拉，1925年

"数学模块只能用于证明洞察力的存在。黄金分割只是艺术家对比例结构的一种本能概念，它只是论证的工具，而不是一个系统（如果是系统，也与其他系统一样，是注定的）。"
引自阿道夫·穆伦·卡桑德拉的日记，1960年

《不屈者》海报是设计师阿道夫·穆伦在1925年设计的，后

来他的另一个名字阿道夫·穆伦·卡桑德拉广为人熟知，他是概念和几何构成的大师。这张海报是他为巴黎名为《不屈者》的报纸设计。它在概念上的成功之处在于它使用变形后的女性脸部来象征法国的代表人物玛丽安的形象。

卡桑德拉接受过专业艺术教育，在巴黎多个工作室学习过绘

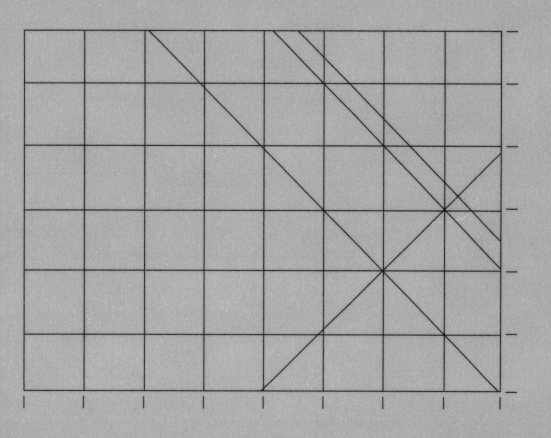

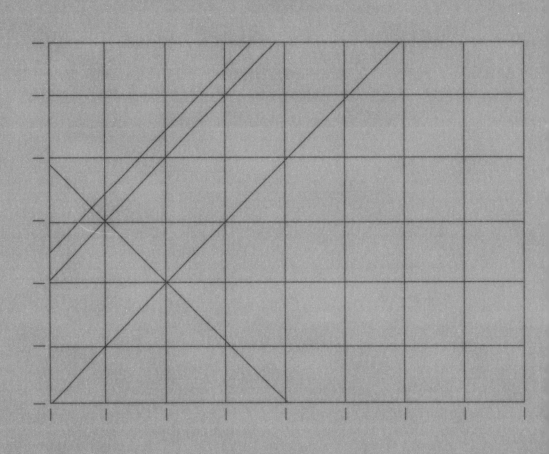

画。事实上，他使用卡桑德拉的名字是因为希望有朝一日进行绘画创作时能将卡桑德拉放在阿道夫·穆伦的姓氏之后，当名字使用。然而，他沉迷于海报艺术，发现它比绘画更具动态的实验性。大众传媒的概念很吸引他，跨越传统、超越阶级的艺术也令他着迷。

出于对绘画学习的兴趣，卡桑德拉深受立体主义的影响。在1926年接受采访时，他这样描绘立体主义："其中绵延不断的逻辑性和艺术家对作品中几何构图的努力追求，创造出永恒的、客观的元素，超越了偶然性和个体的复杂特征。"他承认他的作品有"必然的几何性和纪念意义"。在他所有的

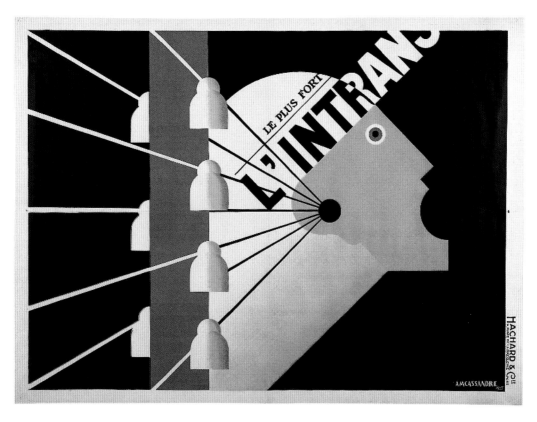

网格分析

海报由6×8的模块构成，共有48个正方形视觉板块。海报中所有元素都与这样的布局和比例一致。人脸的内耳在各个视觉板块相交的位置，嘴部的中心也做了同样处理。字母L的转角在画面正中心。玛丽安的下巴正好占据一个视觉板块，电线杆的宽度也是一个视觉板块

的宽度。人脸的颈部在四个视觉板块中沿对角倾斜45°。电线杆从耳朵中心位置开始向外延伸，以15°角的斜度递增，在水平线的上下构成45°角。

海报中，几乎都有几何构图。他非常重视圆形的视觉力量，并在这幅海报中刻意使用了圆形来引导观众的视线。

除了美术界的立体主义，卡桑德拉的作品也受到了图画现代主义运动的影响，与以往的表现主义和装饰风格不一样，主要目的在于显示海报的客观性和功能性。20世纪20年代，这一理念在包豪斯得到发扬，在卡桑德拉的从业生涯中也反复出现。在《不屈者》海报中，报纸被精简到报头的部分，并由一个极有影响力的标志，法国的化身玛丽安的形象来表现。

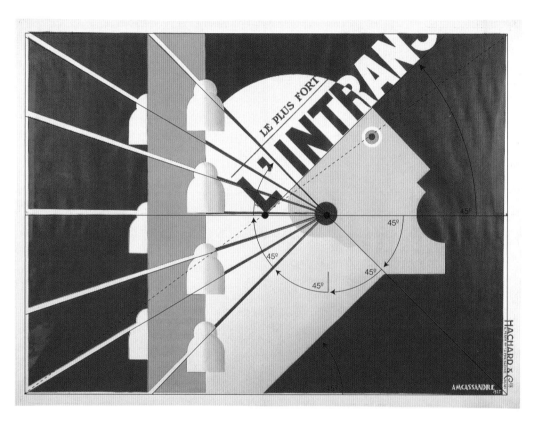

角度与 $\sqrt{2}$

海报尺寸为一个 $\sqrt{2}$ 矩形，图中虚线所示，海报的对角线将人脸的眼部平均分成两部分。对角线也在字母L的左下角将海报的中心点分成两部分。"L' Intrans"一词的基线从中心向外延伸，呈45°角。电线杆以近似15°角递增排列，形成45°角的模块。鼻子和颈部的角度与此模块一致。

圆形直径比率

头部直径=4个嘴部直径
嘴部直径=外耳直径
嘴部直径=2.5个内耳直径
内耳直径=眼部直径
内耳直径=绝缘体直径
内耳直径=耳叶直径

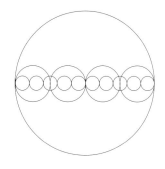

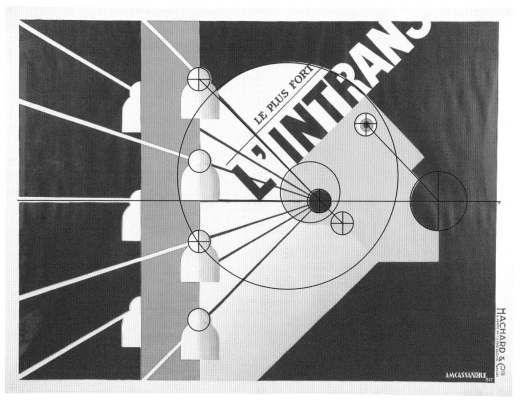

圆形比例

外耳和嘴部的直径是一个视觉板块的宽度。较小的眼部圆形、内耳、耳叶、绝缘体的直径约为2.5视觉板块的宽度。

从这些圆形的分布可以得出,如果将它们的圆心相连,都可以形成45°角。每个绝缘体所在的斜线都成近似15°角递增,每三个构成45°模块。

伦敦铁路线东海岸海报，汤姆·普维斯，1925年

汤姆·普维斯在1925年创作了海报《伦敦铁路线东海岸》，邀请游客赴伦敦东北海岸沿线消夏。早在25年前，两位自称是"做苦役"的设计师就尝试使用大面积的色块来表示图形简化后的剪影，后来成为一种前卫的设计方法。普维斯也采用了类似简化的技法来安排空间、色彩和格局。

海报中遮阳伞的椭圆形是最具视觉冲击力的元素，它色彩明艳，形态和对角线的构图安排适宜。明亮的橙色和天空、海水的蓝色形成互补对比色。椭圆形是接近于圆形的几何造型，比其他形状更能引起注意。

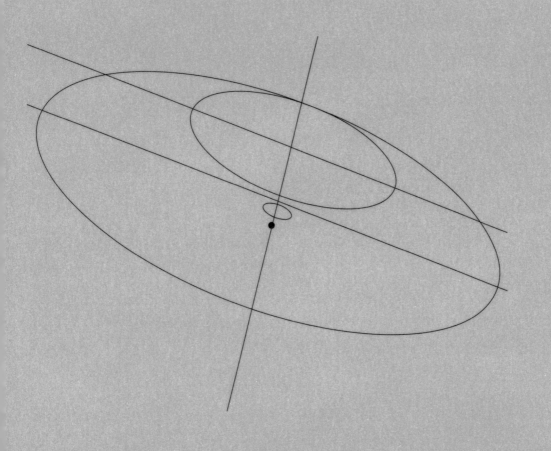

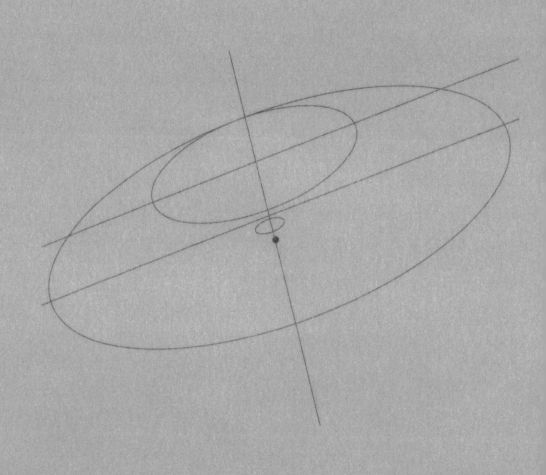

斜线方向因为不稳定性和隐含的情绪因素极具视觉震撼力。具有戏剧效果的椭圆形伞的内部结构和黑色支点部分出现过两次。

所有形状都以剪影的形式出现，简化了大量细节。浴巾的条纹花样和随意的摆放为海报的简单形式带来了一些变化。

分析

可以用6×6的网格来分析海报。分隔天空和海水的地平线在网格2/3处。构成椭圆形遮阳伞的短轴穿过海报的中心位置，起到了平衡构图

的作用。伞面颜色略深的部分与整个大伞面的椭圆形比例一致。两个人物分别位于轴线的左右两侧，起到了平衡色彩和构图的作用。

MR椅，密斯·凡·德·罗，1927年

20世纪20年代中期，一些设计师在家具设计中试验了金属管加工的新工艺，密斯·凡·德·罗也受到了影响。金属在当时并不是一种新材料，19世纪中期的庭院家具、摇椅都用到了生铁，儿童家具、医院病床都已经使用金属管。金属有成本低廉、易弯曲、方便清洁的特点。但由于维多利亚时期人们在室内装潢中偏好木刻和木装饰的审美品位，加上金属不可克服的冰凉触感，室内装修中很少使用金属。密斯使用金属的新奇之处在于家具简洁的构造和独特的几何造型。

20世纪20年代前，在包豪斯时，马歇尔·布劳耶就在桌子、椅子、书桌、储物柜的设计中试验了金属材料。1925年，在包豪斯从魏玛搬到德绍的时期，布劳耶为新建筑设计了大量家具，其中包括了最有代表性、最经典，并奠定钢管椅基础的瓦西里椅。

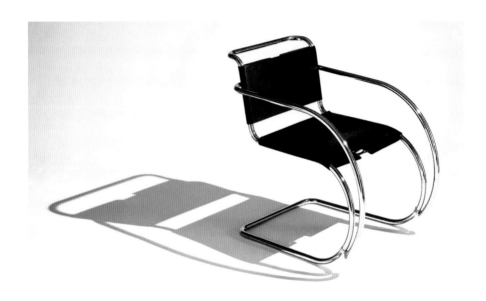

受MR椅影响的作品

1850年彼得·库柏铁制摇椅（左图）
雪橇样式的构架是用坚固的生铁制造的，造型设计和MR椅相似。

1860年索耐特椅（10号）（右图）
椅架与铁制摇椅相仿，由弯曲的金属打造。有趣的是，MR椅曾一度由索耐特公司负责制造。

密斯注意到了布劳耶的作品，也了解马特·史特设计的空心直管带弯头的直角悬臂椅。密斯的椅架与史特的相似，但使用了有弧度能弯曲的钢管来代替直角椅架。曲线钢管产生了灵活弯曲的弹性，在不用椅垫的情况下，人也能感到舒适。椅子的椅面采用皮革和帆布，用打结的方式固定，在椅架上还编织了藤条衬垫。早期的摇椅扶手上也缠绕着藤条，如此使用者就不会触摸到冰冷的金属了。

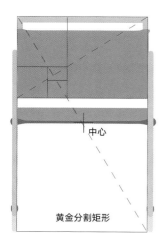

MR椅子正视图

MR椅子正视图是一个黄金分割矩形，中心点位于座面上。

MR椅子侧视图

MR椅子侧视图是一个正方形。正方形、扶手和椅架的中心都在同一条斜线上。椅背的斜度与椅子所呈的圆形相切。

1925 马歇尔·布劳耶
瓦西里椅（左图）

用钢管和可拉伸皮质材料做成。

1926 马特·史特椅
（右图）

直管带弯头的直角悬臂椅草图。

巴塞罗那椅，密斯·凡·德·罗，1929年

1929年，密斯·凡·德·罗为西班牙巴塞罗那国际展览会的德国馆设计了这把巴塞罗那椅。展馆与众不同之处在于，它没有任何展品，展馆本身就是件展品。展馆典雅简洁，由石灰石、大理石、灰色玻璃、铬合金色柱子和暗绿色大理石建造而成，馆内的家具只有巴塞罗那椅、白色皮垫质地的巴塞罗那无背椅和巴塞罗那桌子。无背椅和桌子与巴塞罗那椅都是用了X形支撑结构。密斯·凡·德·罗设计了整个德国馆和家具，它们都成为了里程碑意义的设计作品，也是密斯在欧洲的职业生涯的巅峰之作。

很难相信这件经典的现代作品是在80多年前设计生产的。巴塞罗那椅是在一个简单的正方形基础上搭建的比例精确的和谐作品。它的长、宽、高都相同，是个完美的正方体。安装在钢制椅架上的皮质椅垫上的纹饰都为 $\sqrt{2}$ 矩形，确保椅

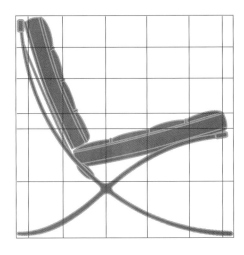

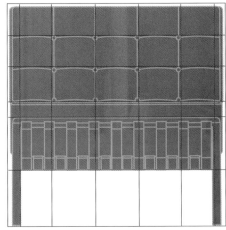

椅子比例（右图）

椅子的侧视图（右上图）和正视图（右下图）都显示椅子完全呈一个正方形。椅背的靠背处纹饰都近似于 $\sqrt{2}$ 矩形。

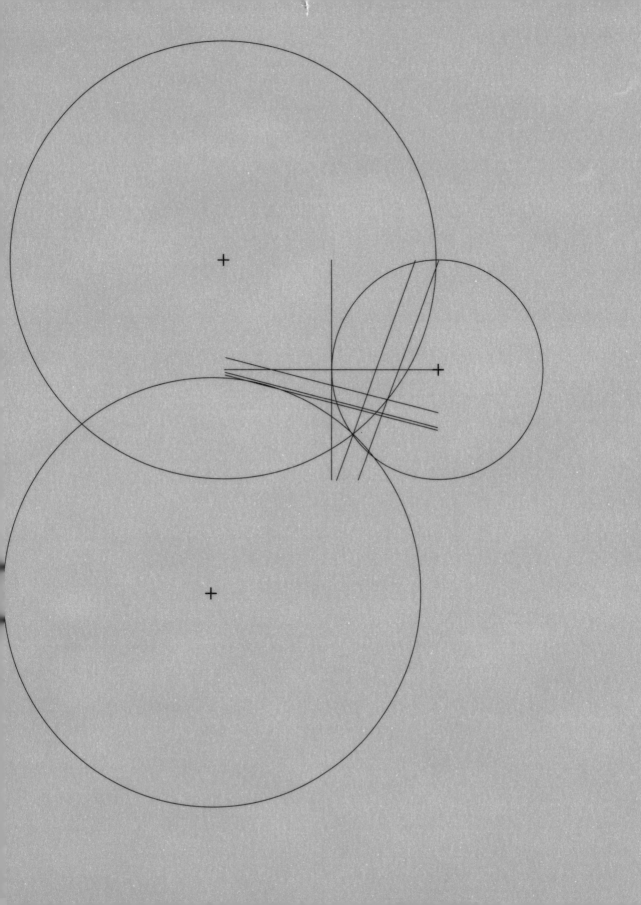

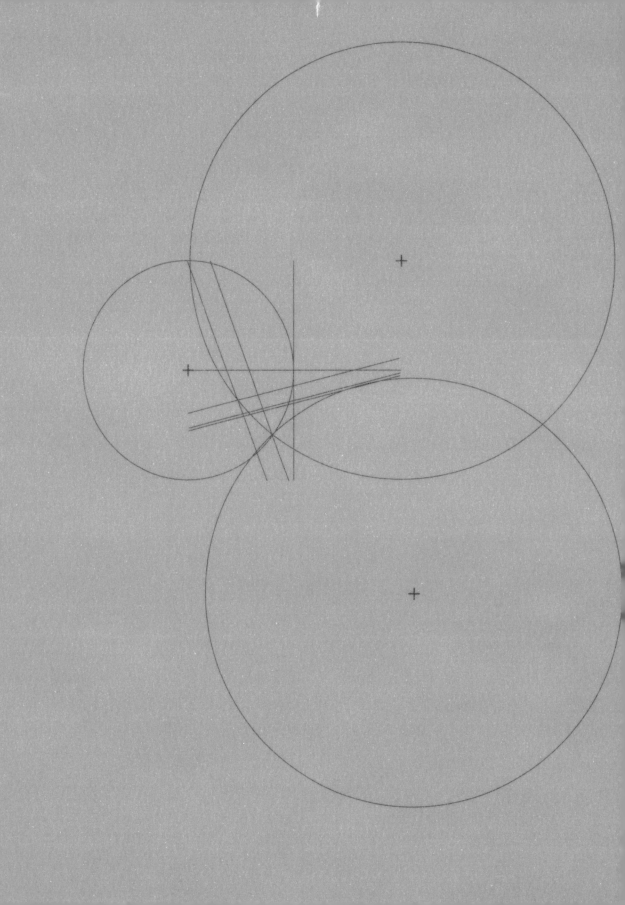

子在装好椅垫后，即便在使用途中承受压力和拉伸，都能保持矩形的纹饰。椅腿呈雅致的X形支撑结构，成为椅子的永恒标志。

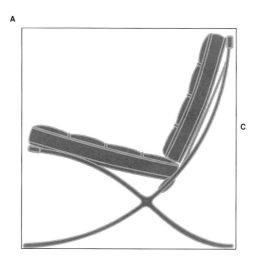

A

B

C

曲线比例

椅背和前腿构成的基本曲线能闭合成一个圆形，半径与正方形的边长一致。椅子的支撑椅架部分也呈相同的曲线，该曲线以B点为圆心。另外一个圆形以上述正方形的1/2边长为半径，以C点为圆心，构成了椅子的后腿。

躺椅，勒·柯布西耶，1929年

接受过传统美术教育的建筑师都十分注意经典的比例体系，并把它们运用在建筑和家具设计中。勒·柯布西耶就是这样一位建筑师，在他的躺椅作品中也能发现他对于建筑物细节和比例的关注。勒·柯布西耶受到了20世纪20年代设计钢管家具的密斯·凡·德·罗的影响，而他们又都同时受到了索耐特曲木家具中的几何造型的启示，在他们的设计作品中也运用了相似的简化结构。

1927年，勒·柯布西耶开始与家具和室内设计师夏洛特·贝里安以及他的堂兄皮埃尔·让那雷合作，取得巨大成功，创作了大量以勒·柯布西耶命名的经典家具作品，其中包括了这款躺椅。

躺椅的前身
生产于约1870年的索耐特摇椅

躺椅的铪合金管椅架是一个弧形大弯角，放置在一个造型简洁的黑色底座上。弧形椅架结构精巧简单，可以双向滑动。使用者可以随意变化身体的姿势，在摩擦力和重力的作用下，既可以头部向上，也可以腿部向上。与弧形椅架相似，靠枕部位也采用了圆筒形的造型，使用者可以轻松改变靠枕的位置。如果将弧形椅架从底座上取下，躺椅可以变成一把摇椅。

分析

躺椅的比例类似于一个可以和谐分解的黄金分割矩形。矩形的跨度构成弧形椅架的直径。底座类似一个可以恰适分割的正方形。整张躺椅可以用黄金分割矩形的恰适分解加以造型分析。

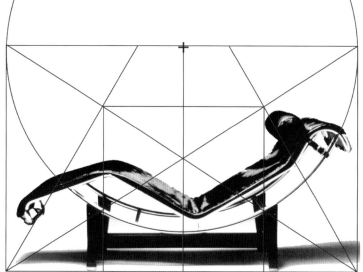

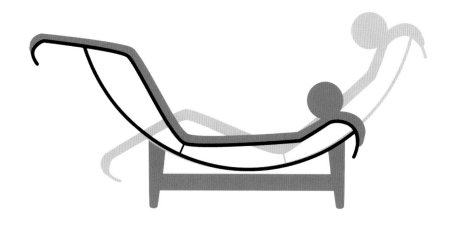

布尔诺椅，密斯·凡·德·罗，1929年

密斯·凡·德·罗在1929年巴塞罗那国际博览会上设计的展馆广受赞誉，所以密斯又受邀为吐根哈特家族设计住宅，此外，他还为这栋完全是现代主义风格的住宅设计配套家具。

1927年密斯曾成功创作了MR悬臂椅，那时弯曲钢管的工艺刚刚形成，使设计师多了种选择。MR椅是在19世纪早期的铁管摇椅和迈克·索耐特著名的曲木摇椅的基础上发展而来的，由于钢管材质坚固，椅架制成了悬臂式，设计简洁。

吐根哈特家族住宅中有间宽敞的餐室，其中安放了一张24人座的桌子。起初，密斯为这张桌子量身定做了MR椅，但由于扶手过长，放在桌下并不合适，于是布尔诺椅就此问世了。它以吐根哈特住宅所在的布尔诺城命名，扶手较低，结构紧凑，

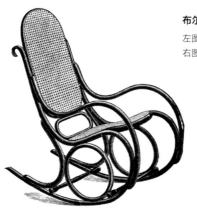

布尔诺椅的前身

左图为约1860年出品的索耐特曲木摇椅。
右图为1927年出品的MR椅。

能摆在桌下。早期的椅面采用皮质材料,支撑结构使用钢管
和扁钢,可以产生变化的造型。

分析
俯视图是一个正方形(右上图),正
视图(右图)和侧视图(里图)是一
个黄金分割矩形。前腿弯角和椅背
弯角的角度一致,呈对称造型,曲
线所在圆形的半径比例为1:3。

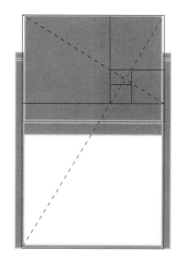

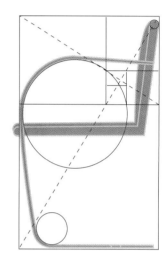

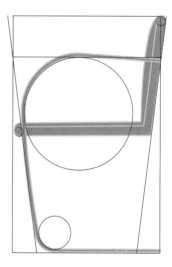

马车酒吧海报，阿道夫·穆伦·卡桑德拉，1932年

"有人说我的海报风格是立体主义的。在某种意义上他们说得对，我的设计本质上是几何的、纪念性的。建筑是我最喜爱的艺术形式，它教会我摒弃那些扭曲变形的表现手法。比起色彩和细节，我一向对造型和物体间的关系更为在意，也更注重几何特征，而不是细枝末节。"
引自阿道夫·穆伦·卡桑德拉的《法国广告协会杂志》，1932年

《马车酒吧》海报与较早的《不屈者》海报一样，都是运用几何造型关系的杰作。卡桑德拉再次选择了具有代表性的元素，将它们简化和抽象化后变成几何造型。苏打水瓶、酒杯、水杯、面包、酒瓶和吸管都放置在火车车轮的图片前方。

车轮的直径与铁轨长度吻合，突出了 "RESTAUREZ-VOUS" 和 "A PEU DE FRAIS" 的文字。水杯中吸管的底端

能引导视线聚焦于海报的中心点。海报垂直方向很容易分成三部分。

作品的几何构图在酒瓶的肩部和酒杯的杯身部分非常明显。空间布局巧妙，白色背景与苏打水顶部虹吸管融为一体。相似的空间结构还体现在面包、酒瓶商标、水杯杯口和车轮外缘上。

海报中有大量的元素需要做几何形状简化、结构关系调整和物体衔接部位的处理，所以创作相对比较复杂。在上述分析后，可以发现设计师的每个决定都是有依据的。

分析

酒杯的杯身和苏打水瓶肩部所在的圆形的中心点都位于对角线上，可以看出设计师的构图安排和合理布局。同样，酒瓶肩部的中心点和车轮的中心点位于同一条垂线上。

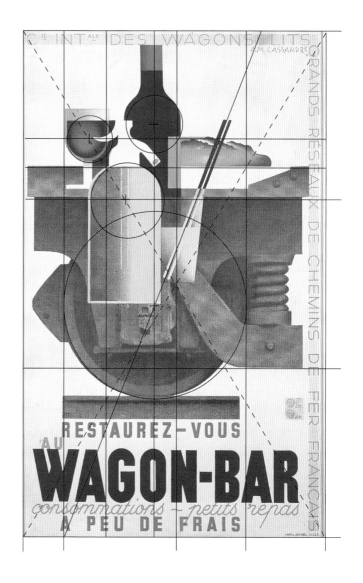

结构主义海报，扬·奇肖尔德，1937年

"虽然我们并不知道为什么，但我们可以肯定的是，平面构成中一个准确和有规划的比例关系会比随意的比例关系更令人愉悦、更具美感。"
引自扬·奇肖尔德所著的《书籍的形式》，1975年版

扬·奇肖尔德用1929年创作的这幅海报参加了一个结构主义艺术展。由于当时结构主义运动已逐渐衰落，所以作品中的圆形和直线可以被视为落日的景象。结构主义艺术运动通过数学化的构图和抽象的几何元素将美术和平面设计作品机械化了，以此作为工业文明的功能性符号。这幅海报因循了扬·奇肖尔德在1928年出版的《新版式设计》一书中提及的关于抽象化的几何形状、数学化的视觉构图以及非对称字体设计的结构主义理想。

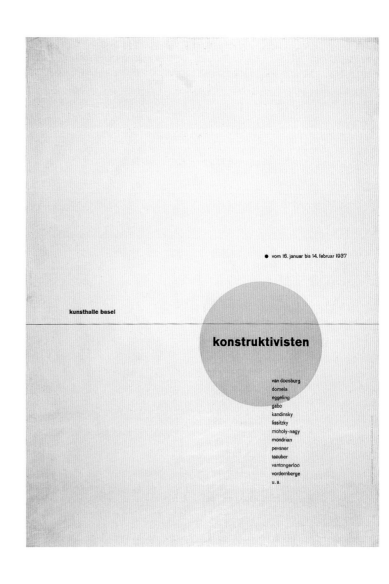

分析

圆形中的直径为海报各元素的度量单位。圆形本身就是一个视觉焦点，观者的目光会不由自主地聚焦在圆形上，它也突出了展览的主题和参展者的名字。标注展览日期的文字旁有个小圆点，重复了圆形的造型，也成为了另一个视觉焦点，与主题中圆形的比例形成了对应。海报的对角线与底部矩形的对角线相交处正好打印了参展者的名单。海报水平线至圆形中央"Konstruktivisten"字符底线的距离成为了文本至其他主要元素距离的模块。

三角形构图

海报的排版中含有一个三角形，加强了海报的造型感和视觉效果。

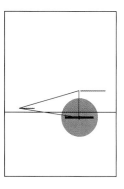

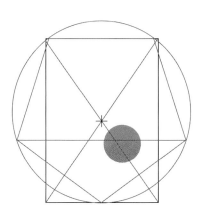

结构比例

海报狭长的版型是一个五角星形，脱胎于一个内接正五边形的圆形。正五边形底部是矩形的宽，底角与矩形底边相交。海报的水平线连接两个顶点。

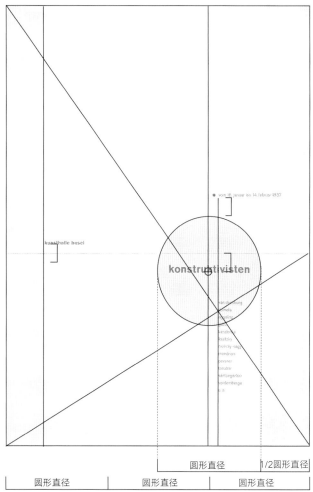

桶状椅，弗兰克・劳埃德・赖特，1904年、1937年

和密斯·凡·德·罗一样，弗兰克·劳埃德·赖特专门为住宅设计配套的家具。两位建筑师都坚持家具必须与建筑风格统一，室内与室外环境必须协调。

20世纪初赖特的住宅建筑和设计的风格是前所未有的，他突出了建筑水平线、抽象的图形和简洁的特征，也要求家具拥有相似的美感。当时许多家具都偏重装饰，与现代化建筑格格不入。受到工艺美术运动的影响，赖特充分运用家具设计来向建筑致以敬意，并从额外的家具设计中获得了更多的佣金，提高了收入。

早期的桶状椅，1904年

早期桶状椅有着外展的护手，末端为尖角。底座宽厚，有明显的装饰条，还用细木条加强支撑。椅背厚实，从护手开始就向外伸展。

改良后的桶状椅，1937年

改良后的桶状椅简化了椅架。外展的扶手弧线减弱，末端呈圆弧形。椅背变薄，宽度减少，笔直地向上延伸，减小了曲度。底座也简化了，除去了装饰条。

桶状椅是赖特钟爱的一件作品，最早的一把桶状椅在1904年出品，1925年又进行了改良，用于塔里艾森的餐室，1935年又在流水别墅中使用了它。1937年，赖特为美国庄臣公司的赫伯特·约翰逊设计了名为"伸展的翅膀"住宅。当时他需要为餐室配备椅子，这令他又想起了桶状椅，并再次做了改进。椅子比例调整了，简化了扶手和底座，使得整个设计更具流线型，衔接更紧密。

赖特许多家具都采用了矩形结构，桶状椅以其曲线形椅背和圆形的造型而十分突出。椅座中的软垫在座圈的上下两面都凸起一部分。从侧视图看，圆形座椅的悬臂高过扶手，令人联想起赖特的建筑作品。椅背的木条从顶部延伸至底座，给使用者一种包裹起来的防护感。

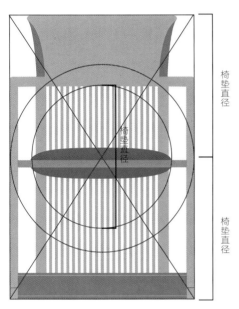

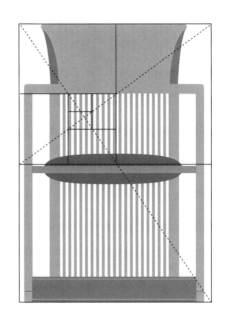

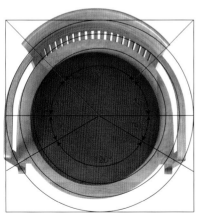

桶状椅比例

简化后的桶状椅有着上佳的比例。前视图符合一个 $\sqrt{2}$ 矩形，椅座略低于中心点。扶手高度为椅座到椅背顶端高度的一半。整张椅子的高度为坐垫直径的两倍。左上图显示，细木条顶部的末端正好与椅垫所在圆形的顶端高度相同。左图显示，椅背正好占了整个圆形的1/4，也就是90°，扶手占据2/3，也就是240°。

庄臣公司办公大楼椅，弗兰克·劳埃德·赖特，1938年

弗兰克·劳埃德·赖特不仅在建筑设计方面是位天才，他的能力还体现在说服客户采用并购买他颠覆传统的建筑和家具设计作品。当他设计位于威斯康辛州拉辛市的庄臣公司办公大楼时，他坚持家具必须与大楼的圆形和曲线结构相呼应。尽管由于预算问题遭到了巨大的阻力，但他仍坚持到底。

下图所示的原始设计图来自于1937年专利局的图样。椅子有悬臂式护手，三条椅腿，还有一系列从底部开始重复的支撑条。与桶状椅相似，椅背和椅座上的衬垫，在正反两面都凸起一部分，使得垫子穿过椅架鼓了起来。金属椅架采用坚固的铝制材料，结构呈十字形。

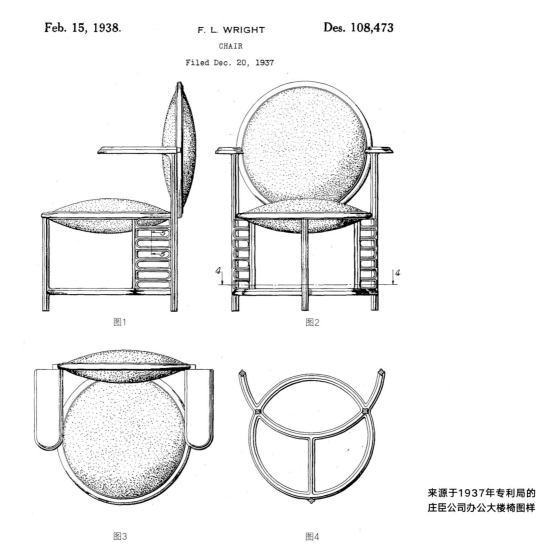

Feb. 15, 1938.

F. L. WRIGHT

CHAIR

Filed Dec. 20, 1937

Des. 108,473

图1

图2

图3

图4

来源于1937年专利局的
庄臣公司办公大楼椅图样

94

最终投入生产的椅子比1937年专利局图样上的椅子的成本大大减少，设计更为简洁。椅架用钢管替代了铝制材料，赖特和椅子生产商、当时新成立的"金属家具公司"共同完成了椅子的进一步精简。椅子的造型略微收紧，椅架和轮脚都做了简化。在新的转椅设计中，扶手就用了一根木条，并从中间位置伸出一个支架，与椅背相连，起到加固的作用。椅背可根据使用需要进行旋转。考虑到价格因素，椅背和椅座的垫子在用旧后都可以拆解下来，单独更换。

庄臣公司办公大楼的三腿椅

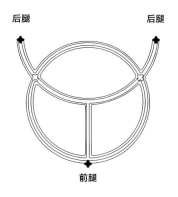

三腿椅

椅子底部的材料和设计都发生了变化。右图所示，原先呈十字交叉的铝制椅架变成了钢管支撑。左图中原先设计的Y形与圆形相交的结构变成了右图中一个简单的Y形结构。

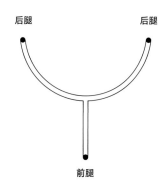

最与众不同之处在于办公椅采用三条椅腿的设计。虽然遭到反对，但赖特还是坚持三条椅腿能让使用者的双足更舒适地摆放，并且也能督促使用者运用良好的坐姿，因为只有双足着地，椅子才能保持平衡。人们在坐习惯之前，经常会有人从椅子上摔倒，据说就连赖特本人也不例外。虽然他仍坚持使用者可以从三腿座椅中受益，但后来还是为企业管理人员专门设计了四条椅腿的座椅，他们不像普通员工那样愿意调整坐姿。

除了办公椅外，赖特还为庄臣公司办公大楼设计了配套的办公桌、文件柜和书柜。所有家具都使用了钢管，家具的曲线与公司办公大楼的圆形、曲线、圆柱形结构相呼应。所有的几何造型都精确运用了圆形，并辅助使用直线和弧线来突出圆形。通过简化并使用标准化的零件和结构，赖特降低了生产成本，完成批量制造，对设计行业大有裨益。

管理人员座椅

管理人员的座椅款式

整个椅架呈黄金分割矩形，椅座和椅背正好位于矩形内的正方形位置，在椅背、椅座和椅架上重复使用了圆形造型。椅子底部的支撑结构也呈黄金分割比例的造型。

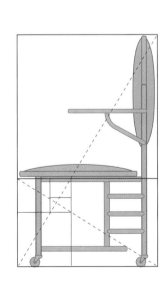

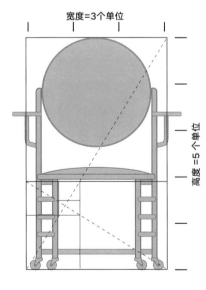

宽度=3个单位

高度=5个单位

庄臣公司办公大楼的三腿椅和办公桌

管理人员的桌椅款式

职业摄影海报，扬·奇肖尔德，1938年

扬·奇肖尔德在1938年为职业摄影师作品展设计了这幅海报。几十年后，该作品仍是概念和构图的经典之作。围绕展览的主题，这张女性的照片被设计成了负片的形式，既有代表性，又兼具抽象性。这种处理方法把观众的注意力引到了摄影过程，而不是女性的图片上。海报的标题"der berufsphotograph"（职业摄影海报）用分隔型字体设计，字母中略有间距。印刷时将红、黄、蓝三色注入印刷滚筒中，当滚筒转动时，几种颜色就混合在一起。这种彩虹般排列的色彩在印刷排版时是一种并不常见的表现主义手法，与奇肖尔德的形式主义作品大不一样。然而，从讲究的版面衔接、密切关联的版型元素和肌理特征中仍能看出他十分喜爱非对称结构和功能性排版。

√2矩形关系

在海报上方放置一个√2矩形
会发现竖向矩形的顶角和对
角线正好将照片中人物的左
眼一分为二。

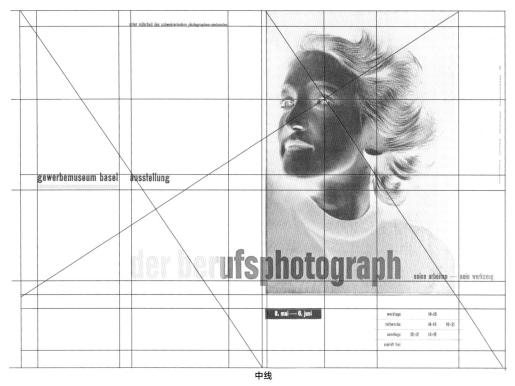

中线

分析

人物的负片位于√2矩形中心的左侧。人物左眼的位置布局精确,照片裁
剪过后,成为了作品中确立其他结构元素的各条对角线的中心。图片
的长度和宽度与左侧各版型元素相对应。

马克斯·比尔字体，马克斯·比尔，1944年

"我认为主要基于数学思维来发展艺术是可能的。"
摘自马克斯·比尔在1949年的一次访谈
引自1989年版《当今印刷传播》

马克斯·比尔名声显赫，既是一位美术家、建筑师，也是一位字体设计师。他在包豪斯学习，师从瓦尔特·格罗皮乌斯、莫霍利·纳吉和约瑟夫·艾尔伯斯。在包豪斯他受到了荷兰风格派运动功能主义理论和形式数学组织的影响。20世纪20年代，荷兰风格派的标志性设计包括利用水平和垂直线分割空间。比尔将这一抽象几何概念进一步运用于字体设计。他的字形从手绘开始，比例为$\sqrt{2}$矩形结构，每个字符都与$\sqrt{2}$矩形的造型有直接的几何关系，并以模块的形式加以处理。有

字符造型的 $\sqrt{2}$ 比例结构

$\sqrt{2}$ 矩形确定了字体造型。矩形中的正方形确定为字母x的高度，其余部分决定了超出x字母的上升笔画和下降笔画的高度。

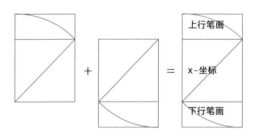

些字符新奇有趣，例如倒写的n，由两个n接在一起的m，有特殊弯角的s。这些字体首先出现在1944年的海报设计中，后来比尔又在1949年设计的海报和展品中使用了它们。

字体结构

矩形中的正方形标记了小写字母x的底线和顶线间的高度。由√2矩形的长度规定上升笔画和下降笔画的高度。笔画的角度控制在45°以内，但在字母s中，角度有所变化，出现了30°和60°结构。在字母a和字母v中，主要笔画也出现了63°的变化。字母m由两个√2矩形拼接完成，也是两个n的拼接。数字采用了相同的设计方法，运用了正圆，突出了数字中较大的圆形造型。

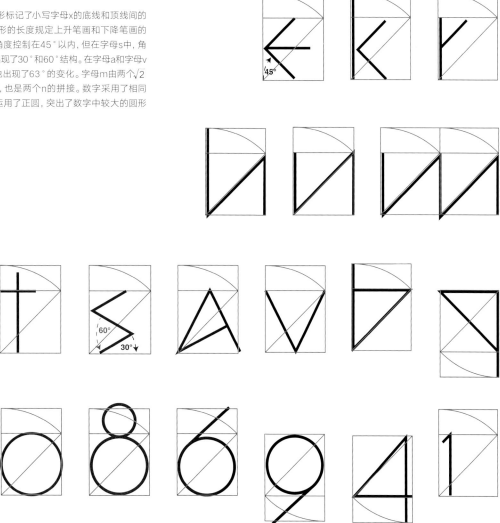

范斯沃斯住宅，密斯·凡·德·罗，1945-1951年

对于出资者范斯沃斯医生而言，这幢住宅是周末远离城市钢筋水泥、释放压力的郊外度假场所，并能通过它与建筑大师共度美好时光。对于设计者密斯·凡·德·罗而言，这一建筑是现代主义风格的终极诠释。宅子位于河边的树林中，是一个完美理想的建筑场所，完全符合建筑师对作品的憧憬。可惜双方虽然有共同的愿景，也可说有一段浪漫的合作，最终却以诉诸法院而告终。建筑虽美，但建造成本大大超出控制，夏天酷热，冬天又难以取暖。

整幢住宅由现代主义造型元素构建，支撑立柱和沿视线延伸的窗户形成一种韵律感。由于建筑是用钢柱支撑在地面之上的，所以水平面在空中产生了变化和重叠，建筑仿佛飘浮在空中。

范斯沃斯住宅

房顶悬挂在一个户外平台上，该平台可用于遮阳，还可以捕获空间，使外部空间成为住宅的一部分。整个空间在阳光照射下延展出去，通过一个高度较低的平台和富有韵律、宽阔和缓的台阶邀请客人参观。访客走近时会发现，住宅由钢柱支撑，离地6英尺（约1.83米）高，仿佛漂浮在空中。

范斯沃斯医生认为住宅过于前卫，居住并不舒适。在伊利诺伊州的冬季，地热系统产生的热量与冰冷的玻璃接触后，凝结水珠从窗户上倾注而下。夏季的烈日从玻璃窗上直透进来，房间基本上无法制冷。户外平台的空间招蚊子，几乎无法享用。

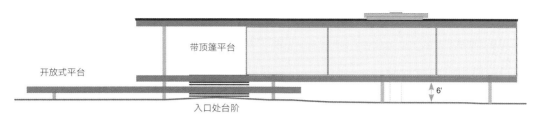

南立面

开放式平台

带顶篷平台

入口处台阶

6'

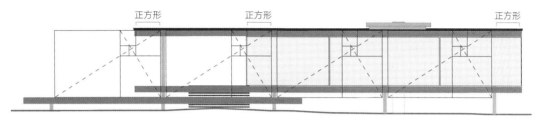

正方形　　正方形　　　　　　　　　　正方形

黄金分割矩形

每根立柱的间距为黄金分割矩形的边长。屋顶
左右两侧挑出的构造以及较小的玻璃窗的窗块
大致与黄金分割矩形中一个较小的正方形的边
长一致。

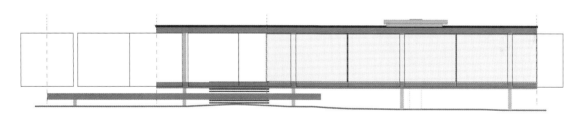

重复的正方形

大块面的玻璃窗由一系列正方形构成。每个窗
块由两个正方形构成。较小的窗块长度等于正
方形的一半边长。

胶合板椅，查尔斯·伊姆斯，1946年

虽然查尔斯·伊姆斯获得了圣·路易斯的华盛顿大学的全奖，但他在学习了两年后还是退学了。该校的课程在美术学院的传统理论的基础上进行建设，与伊姆斯热衷的现代主义和他欣赏的弗兰克·鲁埃德·赖特的设计并不一样，但他终生都很感激美术基础的训练，因为从中学到了比例和建筑的经典原理。

胶合板椅是为1904年由现代艺术博物馆资助的"有机家具竞赛"而设计的。伊姆斯和他的合作者埃罗·沙里宁共同将有机造型统一在一起。最终，椅子优美的曲线造型吸引了评委，再加上胶合板的立体成形技术，以及连接胶合板与金属的橡胶连接件工艺，使得该作品获得了大奖。

胶合板椅
上图为全胶合板款式，右图为胶合板与金属结合的款式。椅子有两种
款式，一种用于休闲，另一种较高的款式用于就餐。

目前还在持续生产的这种椅子脱胎于获奖作品。虽然不能
肯定设计师在设计中完全有意地参照了黄金分割矩形的结
构，使椅子的比例与之相符，但传统的美术训练，加上埃罗·
沙里宁的合作，使得这种可能性大大提高。

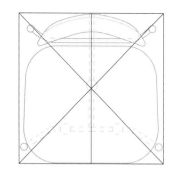

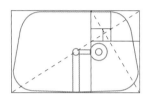

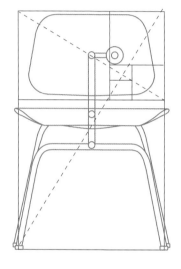

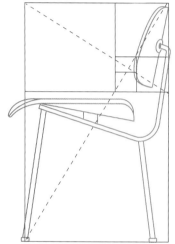

椅背（上图）

椅背完全与一个黄金分割矩形的
比例吻合。

椅子的比例（右图）

就餐椅的比例大致接近黄金分割
矩形。

椅子细节的比例

椅背转角处的半径和管型椅腿的
转角处半径呈1:4:6:8的比例。

A=1
B=4
C=6
D=8

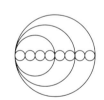

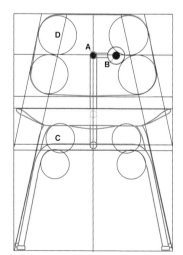

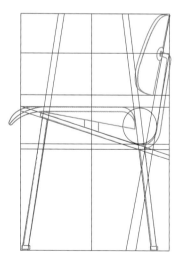

菲利普·约翰逊玻璃屋，菲利普·约翰逊，1949 年

菲利普·约翰逊家庭富裕，这使他在哈佛大学学习历史和哲学时，能赴欧洲纵情地进行长期旅行。在旅途中，他对建筑萌生了兴趣，并在1928年结识了巴塞罗那国际博览会德国馆的设计师密斯·凡·德·罗。那次见面对菲利普·约翰逊至关重要，两人至此发展了长达一生的友谊，并最终进行了合作。此后，作为现代艺术博物馆的首席策展人，他策划了当时具有突破性意义的"国际风格：从1922年开始的建筑"展览，将现代建筑引入美国。

菲利普·约翰逊在30多岁时，记者和策展人的工作并不称心，因此回到哈佛大学设计学院研究生院进行学习。玻璃屋正好给了他机会，让他树立自己职业建筑师的身份，他引起了公众注意，并将学习成果和设计理念投入实践。最终的作品令人震惊，他建造了一座比例准确、细节精致的玻璃墙体建筑。房屋里没有内墙，视线能透过房屋内外，由此突出了建筑强烈的透明感。屋内只有一个圆筒形的砖石结构穿透屋顶，内含浴室和壁炉。屋子引起了整个建筑界的关注，菲利普·约翰逊成功了。

菲利普·约翰逊玻璃屋

玻璃屋是菲利普·约翰逊20世纪40年代攻读硕士学位的毕业设计。毕业后，他继续完善房屋设计。1945年，他买下了康涅狄格州纽卡纳安市5英亩（约20234平方米）的林地，1948年开始建造这栋屋子，1949年完工。

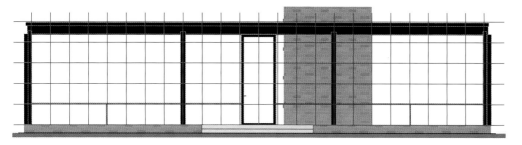

东侧外立面比例

建筑的正前外立面符合一个5×24的正方形网格。低处窗户占1×4网格，与门间隔1×3个网格。门宽两个网格。圆筒形的砖石结构被放在门旁边非对称的位置上，与建筑的直角造型形成反差。

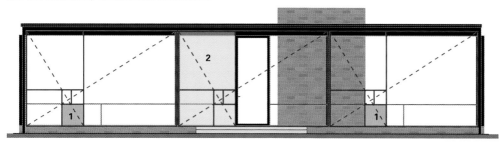

东侧外立面的黄金分割比例

由垂直钢材立柱分成三块的立面，每个块面都符合黄金分割比例，并且其中竖向黄金分割矩形中的一个正方形，如1号区域显示，正好内接于底部水平的窗户中。在中间的块面上，如2号区域所示，门的两侧都有一个竖向黄金分割矩形。

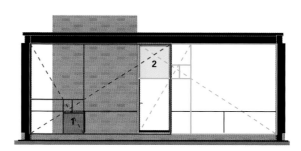

北侧外立面黄金分割比例

北侧外立面也符合黄金分割比例。如图所示，红蓝两色标记了两个互相重叠的黄金分割矩形。与东侧外立面一样，竖向黄金分割矩形中的正方形，如1号区域所示，内接于底部水平的窗户中，它所在的顶边成为上下窗户的分界线。两个黄金分割矩形在竖向黄金分割矩形内的正方形处的重叠部分，如2号区域所示，构成了门宽。

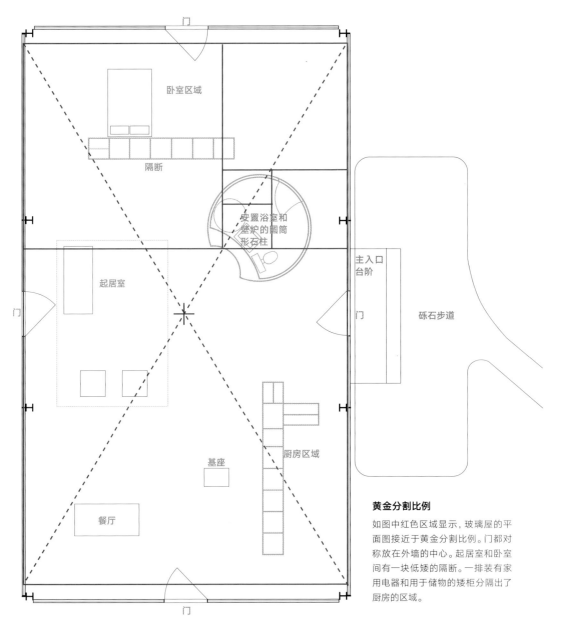

卧室区域

隔断

安置浴室和
壁炉的圆筒
形石柱

起居室

主入口
台阶

砾石步道

门

门

厨房区域

基座

餐厅

门

黄金分割比例

如图中红色区域显示，玻璃屋的平
面图接近于黄金分割比例。门都对
称放在外墙的中心。起居室和卧室
间有一块低矮的隔断。一排装有家
用电器和用于储物的矮柜分隔出了
厨房的区域。

室内家具

为了向挚友、导师、合作者密斯·凡·德·罗致意，
起居室的家具使用了巴塞罗那系列的座椅、脚凳、
桌子以及躺椅。还有搭配餐桌的布尔诺椅，都是密
斯的手笔。

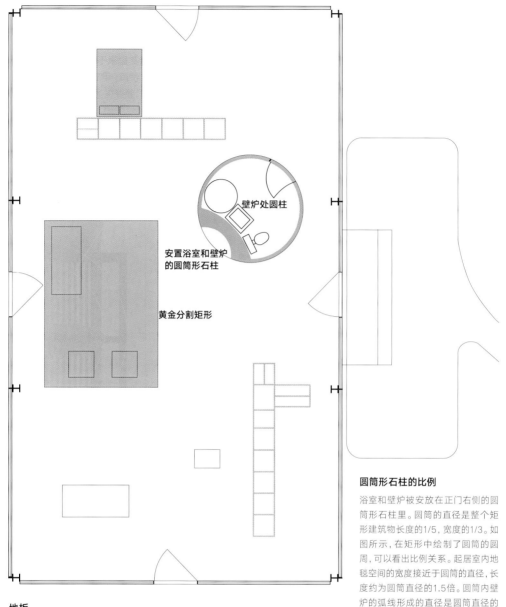

壁炉处圆柱

安置浴室和壁炉
的圆筒形石柱

黄金分割矩形

地板

房屋的地板用红色地砖砌成人字形, 与建
筑直角、光滑的黑色钢柱以及玻璃形成反
差。地砖形成一种精致的肌理, 将地面与
建筑融为一体, 并与浴室和壁炉所在的圆
筒形石柱协调一致。

圆筒形石柱的比例

浴室和壁炉被安放在正门右侧的圆
筒形石柱里。圆筒的直径是整个矩
形建筑物长度的1/5, 宽度的1/3。如
图所示, 在矩形中绘制了圆筒的圆
周, 可以看出比例关系。起居室内地
毯空间的宽度接近于圆筒的直径, 长
度约为圆筒直径的1.5倍。圆筒内壁
炉的弧线形成的直径是圆筒直径的
一半。

伊利诺伊理工学院小教堂，密斯·凡·德·罗，1949-1952 年

密斯·凡·德·罗以具有纪念意义的不锈钢和玻璃混合建造的摩天大楼而闻名。他是建筑比例系统的大师，许多摩天大楼的造型比例相似，成为了一种建筑上的原型。密斯曾担任伊利诺伊理工学院建筑系主任长达20年，在此期间他设计了整个校区以及多个校内建筑。

校园的小教堂就是运用建筑比例关系进行小型建筑设计的典型。教堂的整个正面符合黄金分割比例1:1.618，或者说约为3:5。建筑也能用五个黄金分割矩形进行分割。当这些矩形以某种方式重复排列时，建筑会形成5×5个横向矩形模块。

伊利诺伊理工学院小教堂

正面外观（上图）
室内布局（右图）

110

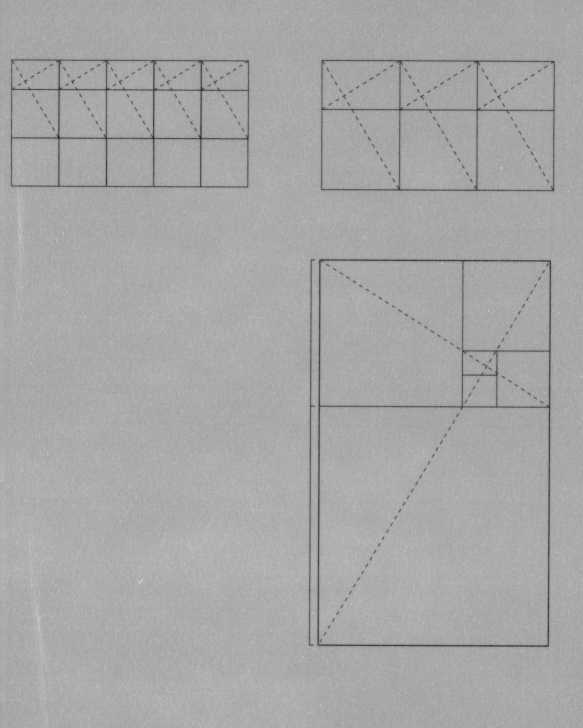

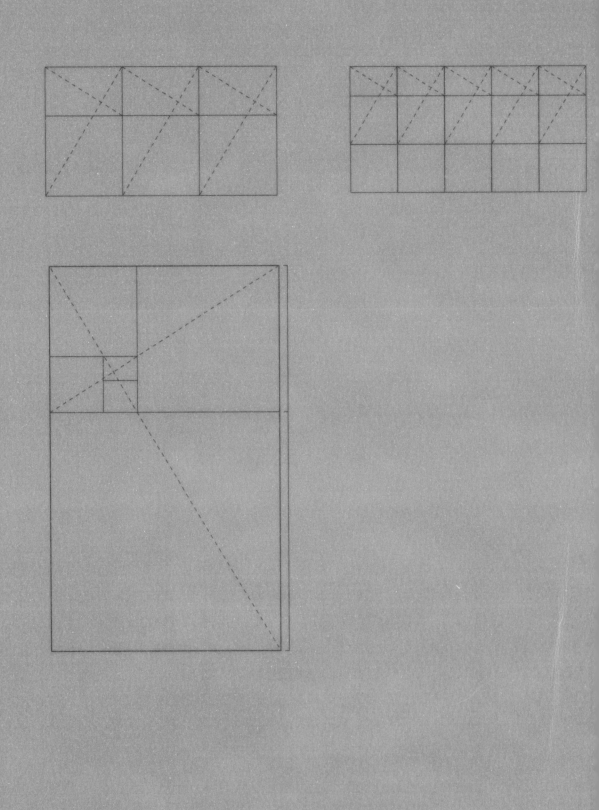

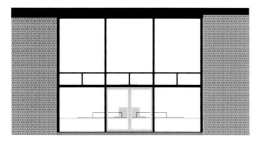

正立面

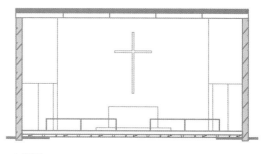

正剖面

黄金分割比例

左上图所示,整个建筑符合黄金分割比例。正面可被一系列黄金分割矩形围绕着的上部大窗和顶部的气窗进行分解。底部的窗户为正方形,中间的正方形内含双开门。

右上方的祭坛位置的剖面图显示,建筑的正外立面可以分解成三个黄金分割矩形。

教堂的平面图完全符合黄金分割矩形的比例。正方形区域为礼拜区,竖向黄金分割矩形划分出教堂的祭坛、服务区和储物间。两个区域被一排小型隔断和礼拜区栏杆分隔。右图所示,教堂的原始平面图中不含座椅,但后来加上了。

左图照片拍摄于20世纪50年代。遗憾的是,近几年随意的玻璃更换和粗陋的维修破坏了建筑的原貌。游客已经看不到图片中的建筑风格了。

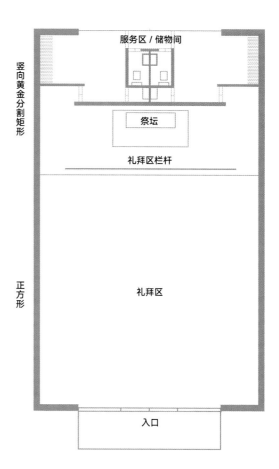

郁金香椅，埃罗·沙里宁，1957年

从埃罗·沙里宁设计的位于密苏里州的圣·路易斯拱门的建筑作品以及郁金香系列的家具作品中可以看出他对简洁和一体化造型的热衷。早期他和查尔斯·伊姆斯合作设计过胶合板椅，后来他在1957年设计郁金香系列家具时，也投入了对有机整体性造型的热爱。

沙里宁试图简化内在构造，并去除了他认为是混杂多余的桌腿和椅腿，使造型变得时髦、现代、新奇，成为了未来的标志性家具。

郁金香系列包括高脚凳、摇椅、边桌等，此处展示了该系列中的无扶手椅的图片。椅子的侧视图和正视图都吻合黄金分割比例，底座的弧线也与黄金分割椭圆形的比例相近。

黄金比例椭圆形

与黄金分割矩形相似，黄金分割椭圆的长轴和短轴比例为1:1.62。这又证明了人类对此类比例椭圆的偏爱。

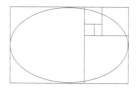

分析

右图所示，椅子的正视图符合黄金比例分割。正视图也能分解成两个互相重叠的正方形：底部的正方形与椅垫相交，顶部的正方形与底座和椅座的交接处相交。

椅座和底座的椭圆形弧线与黄金分割椭圆比例一致。

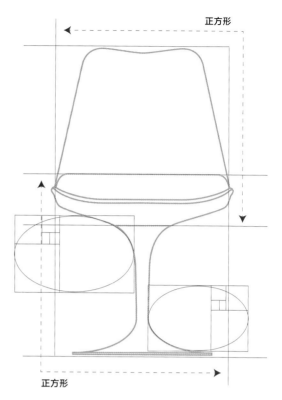

正方形

正方形

侧视图和正视图

右图的侧视图和正视图都显示出郁金香椅完全符合黄金分割矩形的比例。椅子的边缘正好位于黄金分割矩形的中心。底座和椅座交接处的宽度大致为椅子宽度的1/3。

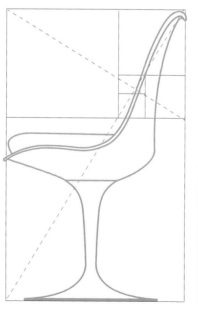

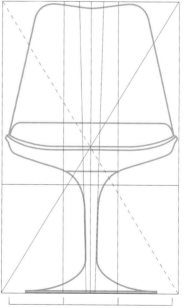

母亲之家，罗伯特·文丘里，1962-1964年

罗伯特·文丘里与刻板的现代主义建筑风格和密斯·凡·德·罗"少即是多"的理念持不同意见，他认为"少则烦"，崇尚建筑中的折中主义。在为母亲建造的小别墅里，文丘里试验了许多想法，后来他把这些概念全都写入了颇有影响力的《建筑的复杂性与矛盾性》一书里，其中包括了对复杂性、模糊性和矛盾性等想法的实践应用。

此屋使人们第一眼就能看到设计简洁大胆、呈对称布局的山形屋顶、位于中心的烟囱和正方形入口。但随后目光就会被偏离中心的烟囱顶、非对称的窗户排列，以及仿佛贯穿整个建筑物中心的长方形镂空所吸引。屋顶上线条感强烈的斜线、窗户的直角以及门洞上一条颇具艺术气息的弧线协调一致。

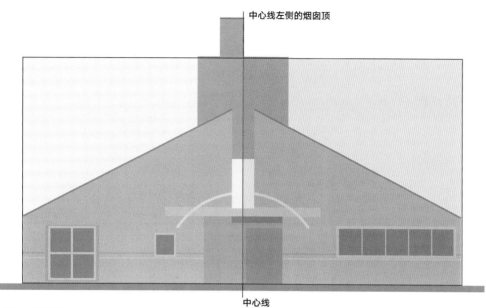

中心线左侧的烟囱顶

中心线

母亲之家的比例

不计算烟囱顶部, 整个别墅的长宽比为1:2。建筑的主
要构造, 包括门廊和屋顶都呈对称造型。

圆形和结构关系

入口处上方的圆弧告诉我们建筑中各元素之
间的结构关系。同心圆将各部分的构造联系在
一起。

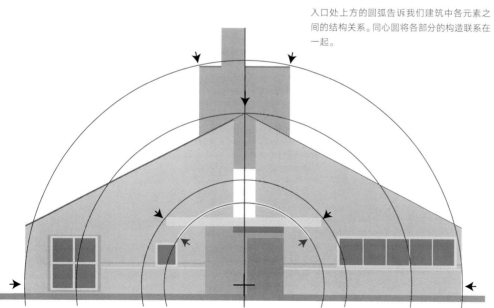

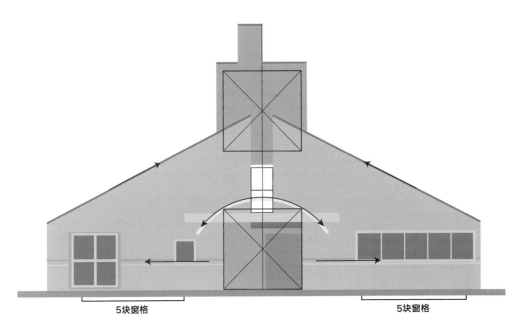

| 5块窗格 | | 5块窗格 |

对称格局和视线方向

别墅入口的左右两侧窗户有着不同的结构。入口左侧包括由四块窗格构成的一面窗户以及一面小窗户。右侧的窗户呈水平排列,虽然结构不一致,但窗格的数量和形状是一样的。

别墅最惹人喜爱的地方是视线移动的方向。耀眼的屋顶斜度引导视线向上,到达烟囱的位置,然后视线会停留在由几个正方形构成的烟囱上,随后视线下移,停留在门廊上方的圆弧结构上,并继续沿弧线的形态下移到门楣,最后会沿水平方向移动到左右两侧。

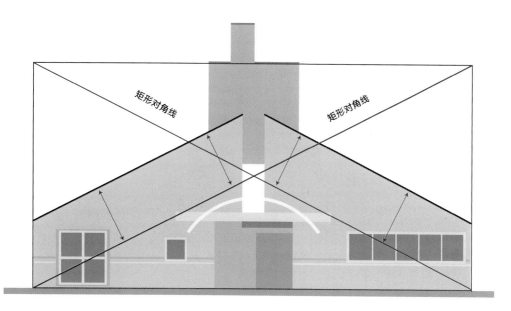

矩形对角线

矩形对角线

对角线和对角线网格

屋顶的对角线和整个建筑结构有着紧密的联系。我们可以在外立面上覆盖一个长宽比为1:2的矩形,会发现矩形的对角线与屋顶的轮廓线是平行并重复出现的。这样的平行线可以重复画出网格(下图),用于诠释主要建筑构造中一些建筑元素间的关系。

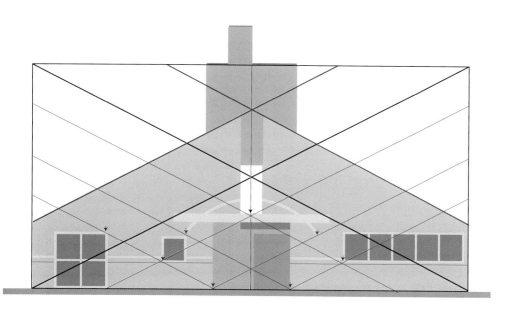

设计师海报，维姆·克劳威尔，1968年

这幅海报作品创作于1968年，当时个人计算机和数码排版
还远没有出现，只有银行业需要频繁使用计算机处理程序。
海报中的字体与支票簿上的机读数字有着相似的美学效果，
让我们回忆起早期的机读字体，也预示着即将到来的数字时
代。以至于维姆·克劳威尔本人也预见到计算机和显示屏将
在印刷传播中起到越来越重要的作用。

海报采用√2 矩形造型，内含正方形网格，从中间一分为二，
构图简单。网格形式略复杂一些，每个正方形都由一条距离
顶边和右边线1/5距离的直线进行分解。字体的形式由正方
形搭建，就像在"数字化"过程中产生。各条网格支线决定
了字符转角处的半径，该半径也连接了字符的笔画。

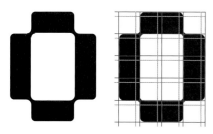
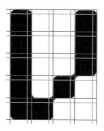
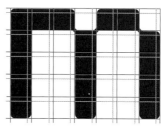

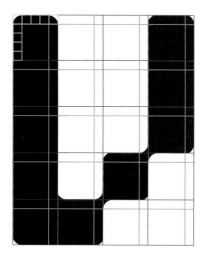

分析

网格中的红线确定了字符结构的造型。图中灰线所示,正方形网格尖锐的顶角被距边线1/5距离的网格支线柔化了。网格的造型从水平、垂直和斜线方向构建了字体。每个字母的结构有所不同,相邻字母间只间隔一条细缝。大多数字母占据4×5的网格,一些窄型字母如i、j等只占据一个网格。海报顶端文本的面积是底部文本的1/5。

弗斯滕伯格瓷器公司海报，英格·德鲁克，1969年

英格·德鲁克在海报中流利地表达了弗斯滕伯格瓷器公司产品的精致和优雅。海报中的字体笔画纤细、造型轻盈，字母的曲线，尤其是字母u和r为非对称结构，展现出恒久的典雅及和谐。

与多数欧洲20世纪的海报一样，该作品也采用√2矩形版式。海报中心点位于第二行大写字母A的顶端，观者的视线会沿数字1自然地落在海报的中心点上。

字体结构

字体的宽度是在一个三等分的正方形基础上构成的。最窄的字体占1/3正方形的宽度，稍宽一点的字体占2/3，再宽一点的字体占整个正方形，最宽的字体占4/3个正方形。

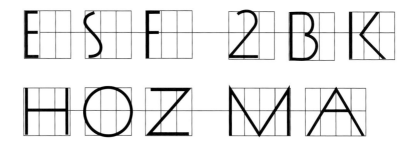

分析

海报的主要文字 "221 JAHRE PORZELLAN MANUFAKTUR FÜRSTEN-BERG" 中的每个字符占海报高度的1/16，顶端文本的整体高度为主要字符高度的2/3。公司的商标，斜体字母F和皇冠的组合，是构成字母的正方形面积的两倍。

慕尼黑奥运会标识系统，奥托·艾舍，1972年

我们对国际奥林匹克运动会的标识系统并不陌生，自1936年柏林奥运会开始使用后，它就已经发展成为一种跨文化语言。1967年艾舍被任命为1972年慕尼黑奥运会的首席设计师，工作任务十分繁复，他需要为各项赛事设计150个图标，还需要设计大量的广告材料，包括大赛标识、赛程安排、节目内容、制服和海报等。

艾舍采用了构建形象化几何图形，形成一个抽象系统的设计方法。头部、躯干、手臂和腿的基本造型是在一个由水平线、垂直线和45°对角线组成的网格中来建构的。艾舍统一了人体各部分的比例，各种造型令人联想到相对应的运动。网格中的斜线让图表中的人形具备动感，与某种运动相关联。设计成果迄今仍在使用中。

击剑赛事图标
欧科公司1976年出品
www.aicher-pictograms.com

跑步赛事图标
欧科公司1976年出品
www.aicher-pictograms.com

马术赛事图标
欧科公司1976年出品
www.aicher-pictograms.com

自行车赛事图标
欧科公司1976年出品
www.aicher-pictograms.com

足球赛事图标

欧科公司1976年出品

www.aicher-pictograms.com

艾舍的图标系列由人体的标准化几何造型构成。头部为圆形,圆周成为肩部至手臂部分的弧线的标尺。四肢由具备固定宽度的矩形构成,在肘部和膝部弯曲,手部和脚部被简化成半圆形,直径与代表四肢的矩形直径一致。

所有人形都在一个正方形中构成,根据不同的运动安排在相应的位置。直立形式的造型,如跑步等,从上至下撑满整个正方形;弯腰的造型,如自行车运动,人形被放在正方形的下方;坐着的造型,如马术运动中,人骑在马背上,人形就被放在正方形的上方。

运动器材也被抽象成简单的造型,用简洁的一笔来表述,例如击剑运动中的剑、自行车运动中的圆形车轮以及马术中的马匹等。马术运动图表中,从头部延伸出的细线代表了骑师的帽檐,击剑运动中,穿过头部的白色线条代表了运动员的面罩。

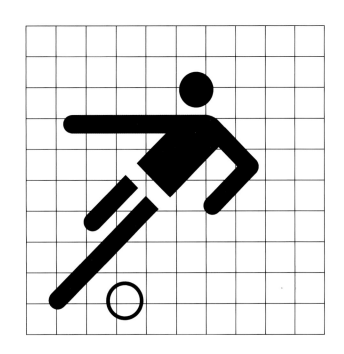

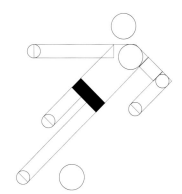

几何图示系统

所有的人物造型都是统一的,头部、手部和脚部用圆形表示,手臂、腿部和躯干用矩形表示。肩膀、手肘、膝关节处弯曲部分弧线的半径一致。大多数人形中,躯干和腿部之间有所分隔,形成负形空间,代表着腰带。

伦敦电力董事会，弗雷德里克·亨利·凯·亨里翁，1972年

弗雷德里克·亨利·凯·亨里翁在1939年离开德国，移居英国。二战期间他为英国新闻部和美国战时情报局设计海报，并做宣传工作。随着亨利翁的海报越来越为英国公众所熟知，他也逐渐树立起自己的名声。

20世纪50年代初，亨利翁创办了自己的设计咨询公司"亨利翁设计联盟"。不久之后，该公司便从英国利兰汽车、奥利维蒂、英国欧洲航空以及荷兰航空公司等企业中获得了大型项目，成为了企业形象设计和市场营销研究领域的领头羊，广受瞩目，并建立了良好的信誉。1967年，亨利翁与艾伦·帕金森合作出版了《设计协调与企业形象》一书。该书分析了一系列国际案例，介绍了亨利翁设计联盟成功使用的系统研究方法，从而扩大了亨利翁的知名度。

伦敦电力公司形象设计

亨利翁认为一致性是企业形象设计获得成功的必要条件。在绘制LEB（伦敦电力公司）标识时，亨利翁使用了均角投影网格纸，所以此后不论需要绘制多大的尺寸，都可以将标识等比例再现。在商业宣传中，该标识也可以根据同样的比例广泛使用，例如印在卡车的车身上。

伦敦电力公司标识的手绘版本

用于卡车车身上的伦敦电力公司标识

马雅可夫斯基海报，布鲁诺·蒙古齐，1975年

布鲁诺·蒙古齐为在米兰举办的俄国艺术家作品展设计了这幅海报，作品再现了俄国早期结构主义的风格。海报反映了20世纪20年代俄国结构主义运动的革命理想，用不显张扬的红、黑、灰色和呈45°角交叉排列的粗线条矩形赋予了作品一种视觉上的实用主义，正好符合结构主义者的特点。

蒙古齐目光敏锐，使用结构主义者常用的无衬线字体和实用功能，三位俄国杰出艺术家马雅可夫斯基、梅耶科德和斯坦尼斯拉夫斯基的姓名被做成了矩形字条，层层排列，构成强烈的视觉冲击。作品中字条和字体的比例一致，字条的叠放产生了视觉上的空间感，红、灰相叠部分产生了色彩变化，形成一种色彩的叠透。

比例构成

随字体一起翻转的字条宽度比为2:3:4，字体高度同样也是2:3:4。

√2造型

在圆形结构的基础上绘制一个√2矩形，突出构图重点的中央的"X"造型。

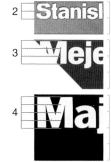

分析

三条重叠的字条的比例为2（棕色）:3（红色）:4（黑色）。大写字体的高度也呈相同的比例。夹角为90°的字条延伸至√2矩形的边缘处，形成强烈的视觉张力。

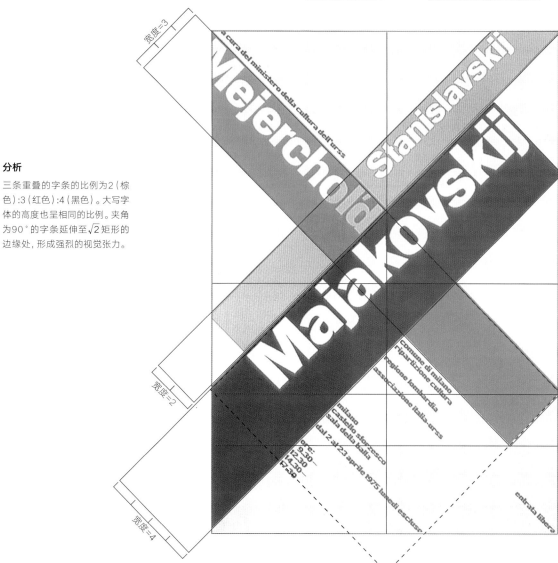

博朗手持搅拌器，1987年

博朗家电以其精致简约的设计而广受艺术家、建筑师和设计师的喜爱，旗下多件产品被纽约现代艺术博物馆永久收藏。博朗产品的造型简洁明了、几何感强，通常为黑色或白色，操作简便，每款家电都具有清晰的线条，看起来像一件具备实用功能的雕塑品。

这些产品设计师跟他们的平面设计师同行们一样，都采用了相似的构成体系和图形关系。由于家电产品是立体的，所以这些图形关系既体现在视觉上，也表现在结构上。

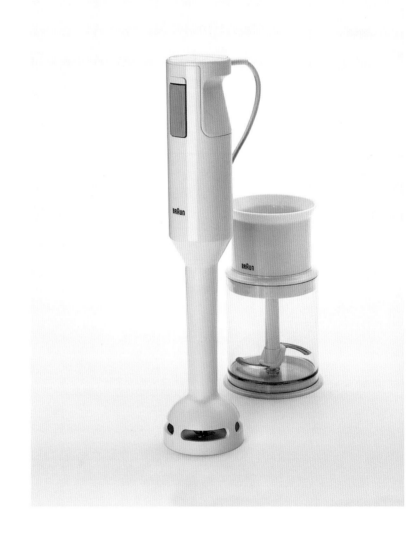

结构和比例

搅拌器手柄部分占整个器具的1/2。图中用红色圆圈标注的开关和其他构件的某些部分都有相似的半径尺寸。整个产品外观呈中心对称,甚至连公司名称"Braun"(博朗)也放置在中线位置,其大写字母高度与红圈的直径相仿,并与其他构件紧密关联。

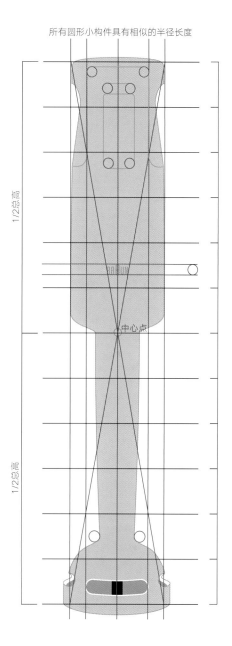

所有圆形小构件具有相似的半径长度

1/2总高

中心点

1/2总高

129

博朗香巧咖啡壶

博朗咖啡壶的造型也透出类似的"中规中矩"的设计感。它的各部分构件都呈几何造型，几乎为正圆形的手柄更加突出了圆柱形的整体造型。企业标识"Braun"（博朗）与其他构件一样，都十分注重细节、大小和位置的设定。视觉上，不同平面和立体造型搭配在一起，使这件家电超越了实用价值，成为一件雕塑作品。

结构和比例

咖啡壶的外观可以被分解成一系列规则图形, 每个部分都安排妥当, 与其他各部件和谐统一。公司标识 "Braun"(博朗)略高于中心位置。圆柱形壶身与接近圆形的手柄相互呼应。手柄对角线对准壶顶的拐角处。电源开关对准刻度线和壶顶排气口的中央位置, 使刻度和排气口等元素呈对称排列。

圆锥形艺术烧水壶，阿尔多·罗西，1980-1983年

意大利家用品设计制造商艾烈希公司以其生产世界顶尖实验性产品设计师的家居用品而久负盛名。该公司的产品兼具艺术性和功能性，阿尔多·罗西的圆锥形艺术烧水壶也不例外。罗西采用了概念艺术家的常用手法，他把创作理念告诉生产技术人员，并指导他们解决工艺流程和产品生产的细节问题。

水壶的几何构成非常统一。壶身的主体部分为圆锥体，呈三角形，以确保壶底最大限度地接近热源，高效加热。水壶形状还能严格分为3×3网格。壶盖位于水壶上方1/3处，顶端有一个圆点，小巧悦目，既可以轻松揭开壶盖，也成为代表盖的立体符号。中部1/3处包含了壶嘴和手柄。壶柄水平延

伸, 然后垂直向下, 呈一个倒三角形, 也可视为一个正方形的局部。所有这些几何形状——圆锥形、三角形、圆形、球形和正方形构成了水壶的有机整体。

主体形状

圆锥形艺术烧水壶的主体形状可视为呈等边三角形的正圆锥体。水壶把手呈倒置直角三角形, 可理解为等边三角形的一半, 也可视为正方形的一部分。

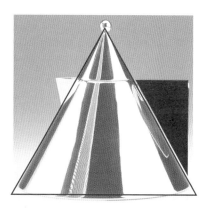

几何结构

水壶可以划分为3×3网格。上部1/3处有壶盖及球形把手, 中部1/3处含有壶嘴和壶把手, 宽体的壶底基座最大限度保证了燃烧面积。

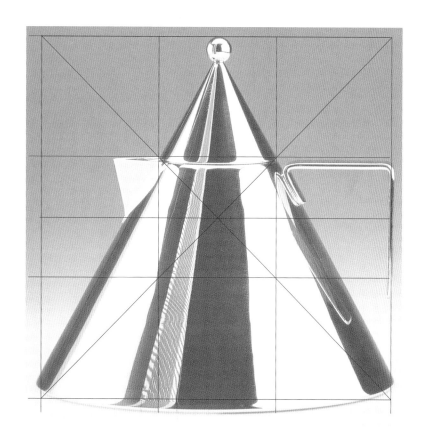

大众公司甲壳虫汽车，杰·梅斯、弗里曼·托马斯、彼得·希瑞尔，1997年

大众公司新款甲壳虫汽车在公路上行驶时，不像一个交通工具，而像一件移动中的雕塑品。与其他车辆不同，它能一举迎合人们对流线型车身的视觉效果的期待。该车的车型既复古又前卫，造型别致，充满怀旧气息。

车身与一个黄金分割椭圆的上半部分相吻合，侧窗采用了同样的造型。车门整体符合黄金分割矩形的比例，车门的下半部分为正方形，侧后窗内接于一个竖向黄金分割矩形。整车外形的所有局部构件都内接于黄金分割椭圆或圆形，即便是天线底座也与前轮舱呈相切角度。

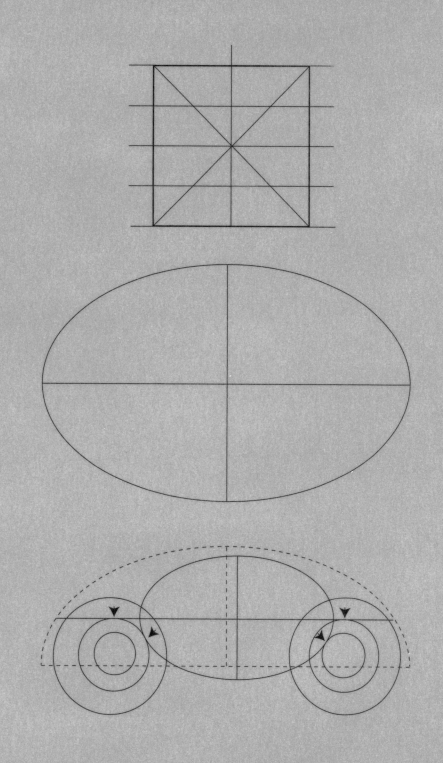

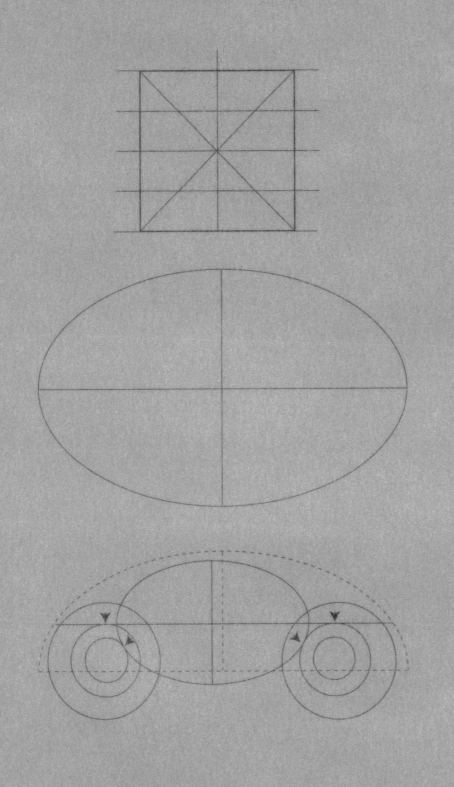

前视图

车的前视图基本为正方形, 所有块面都互相对称。引擎盖上的大众车标识位于正方形的中心。

分析

如图所示, 在一个黄金分割矩形内, 嵌有一个黄金分割椭圆。车身部分明显位于椭圆的上半区。下图所示, 贴合车身的椭圆长轴正好穿过车轮中心点的下方。还有一个黄金分割椭圆正好与车窗贴合, 并与前轮的轮舱以及后轮相切。椭圆长轴也正好与前、后轮舱相切。

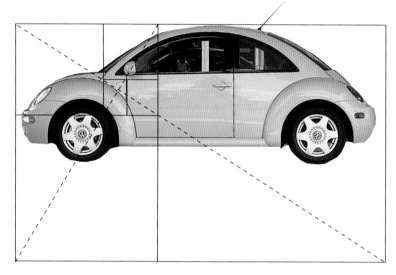

后视图

后视图与前视图一样，呈正方形。企业商标靠近正方形的中心位置。图中所有细节和外观都呈对称分布。车身其他部分也充斥着几何设计观念。车头灯和尾灯呈圆形，但由于嵌在曲面上，所以看起来像圆形。车门把手处有一个下陷的圆形凹槽，四周呈圆角的矩形把手配有圆形锁孔。整个把手将凹槽一分为二。

车载天线

天线走向的角度与前轮轮舱的圆形成正切关系。天线底座的安装位置与后轮挡泥板构成几何关系。

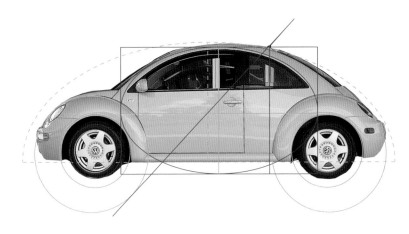

后记

引自勒·柯布西耶在1949年版的《模块》中的论述：

"原则上，辅助线并不是预先设定的，而是设计师基于构图的需要选择的特殊线条，它们早已准备就绪、并且真实存在。辅助线只不过在几何平衡的层面之上建立了秩序和条理，实现或者说期待实现真正的纯净。它们并不会产生诗意或抒情的想法，也不会激发作品的主旨，不具备创造意义，仅仅建立起一种平衡，完全是可塑的概念。"

勒·柯布西耶是正确的。几何体系本身不会产生灵活的概念或者说灵感。它对创意的贡献在于提供了构图过程、造型关系，以及达到视觉平衡的手段。它是一个将各种元素联系在一起、形成整体的体系。

虽然勒·柯布西耶在几何体系中提及了直觉，但我的研究表明，设计和建筑中起作用的远远不是直觉，更多的是知识经过精心谋划的结果。《设计几何学》一书分析了许多艺术家、设计师和建筑师的作品，他们中间有多位论述过几何学与作品的关系，其中的教育工作者还认为几何体系在设计过程中起着至关重要的作用。

鉴于秩序和效率在建筑中的必然性，也因为人们渴望创造出美观舒适的建筑结构，所以在教育过程中，建筑与几何体系的结合称得上十分紧密。但艺术和设计的情况就大不一样。许多艺术和设计类院校对几何体系的研究始于、同时也止于一堂艺术史论课中对帕特农神庙黄金分割的讨论。部分因为教学中信息被割裂了，生物学、几何学和艺术学科采用了单独教学的方式，经常忽略了交叉的内容，学生因而无法将它们整合起来。此外，人们一直把艺术和设计看成一种本能的活动，或是个人灵感的表达，所以很少有教育者会在工作室中讲授生物学和几何学，也不会在课堂里进行科学和数学的教学。《设计几何学》一书就是为此努力的成果，我在教授平面设计学生时，把设计、几何学和生物学的交叉共性传授给学生。

金伯利·伊拉姆

致谢

Editorial Services
Christopher R. Elam

Mathematics Editor
Dr. David Mullins, Associate Professor of Mathematics,
New College of the University of South Florida

Special Thanks To:
Mary R. Elam

Johnette Isham, Ringling College of Art and Design

Jeff Maden, Suncoast Porsche, Audi, Volkswagen,
Sarasota, Florida

Peter Megert, Visual Syntax Design, Columbus, Ohio

Allen Novak, Ringling College of Art and Design

Jim Skinner, Sarasota, Florida

Jennifer Thompson, Editor, Princeton Architectural
Press

Peggy Williama, Conchologist, Sarasota, Florida

Credits:
The analysis of Bruno Monguzzi's Majakovskij poster
is based on an original analysis by Anna E. Cornett,
Ringling College of Art and Design.

The analysis of Jules Chéret's Folies- Bergère is based
on an original analysis by Tim Lawn, Ringling College
of Art and Design.

Ghent, Evening, Albert Baertsoen, Dover Publications, 120 Great Impressionist Paintings

Hill House Chair (292), Charles Rennie Mackintosh, Cassina I Maestri Collection

Human Figure in a Circle, Illustrating Proportions, Leonardo da Vinci, Leonardo Drawings, Dover Publications, Inc., 1980

Il Conico Kettle, Aldo Rossi, 1986, Produced by Alessi s.p.a.

Illinois Institute of Technology Chapel, Photographer – Hedrich Blessing, Courtesy of the Chicago Historical Society

Iron Rocker, Courtesy of Rita Bucheit, RitaBucheit.com

Job Poster, Folies-Bergère Poster, The Posters of Jules Chéret, Lucy Broido, Dover Publications, Inc., 1992

Johnson Glass House elevations and plans, Courtesy of Philip Johnson Glass House/National Trust for Historic Preservation

Johnson Glass House photograph, Anne Dunne

Konstruktivisten, Jan Tschichold, Collection of Merrill C. Berman

La Goulue Arriving at the Moulin Rouge with Two Women, Henri de Toulouse-Lautrec, Dover Publications, 120 Great Impressionist Paintings

LEB Identity, Courtesy of Marion Wessel-Henrion and the University of Brighton Design Archives, www.brighton.ac.uk/designarchives

L'Intransigéant, A. M. Cassandre, Collection of Merrill C. Berman

Man Inscribed in a Circle (after 1521), The Human Figure by Albrecht Dürer, The Complete Dresden Sketchbook, Dover Publications, Inc., 1972

MR Chair, Courtesy of Knoll Inc.

Otl Aicher Pictograms © 1976 by ERCO GmbH, www.aicher-pictograms.com

Pine Cone Photograph, Shell Photographs, Braun Coffeemaker Photograph, Allen Novak

Poseidon of Artemision, Photo courtesy of the Greek Ministry of Culture

Racehorses at Longchamp, Edgar Degas, Dover Publications,120 Degas Paintings and Drawings

S. C. Johnson Desk and Chair vintage photograph, Courtesy of Steelcase Inc.

S. C. Johnson Three-Legged Chair photograph, Courtesy of S. C. Johnson & Son Inc.

S. C. Johnson Wax 1 Desk (617), Frank Lloyd Wright, Cassina I Maestri Collection

S. C. Johnson Wax 2 Chair (618), Frank Lloyd Wright, Cassina I Maestri Collection

Staatliches Bauhaus Austellung, Fritz Schleifer, Collection of Merrill C. Berman

Tauromaquia 20, Goya, Dover Publications, Great Goya Etchings: The Proverbs, The Tauromaquia and The Bulls of Bordeaux Francisco Goya, Philip Hofer

Thonet Bentwood Chair #14, Dover Publications, Thonet Bentwood & Other Furniture, The 1904 Illustrated Catalogue

Thonet Bentwood Rocker, Dover Publications, Thonet Bentwood & Other Furniture, The 1904 Illustrated Catalogue

Tulip Chair, Eero Saarinen, Courtesy of Knoll Inc.

Vanna Venturi House, Courtesy of Venturi, Scott Brown and Associates, Inc. Photograph by Rollin LaFrance for Venturi, Scott Brown and Associates, Inc.

Volkswagen New Beetle, Courtesy of Volkswagen of America, Inc.

Wagon-Bar, A. M. Cassandre, Collection of Merrill C. Berman

Wassily Chair, Courtesy of Knoll Inc.

Willow Chair (312), Charles Rennie Mackintosh, Cassina I Maestri Collection

文献

Alessi Art and Poetry, Fay Sweet, Ivy Press, 1998

A.M. Cassandre, Henri Mouron, Rizzoli International Publications, 1985

Art and Geometry, A Study In Space Intuitions, William M. Ivins, Jr., Dover Publications, Inc., 1964

Basic Visual Concepts and Principles for Artists, Architects, and Designers, Charles Wallschlaeger, Cynthia Busic-Snyder, Wm. C. Brown Publishers, 1992

Contemporary Classics, Furniture of the Masters, Charles D. Gandy A.S.I.D., Susan Zimmermann-Stidham, McGraw-Hill Inc., 1982

The Curves of Life, Theodore Andrea Cook, Dover Publications, Inc., 1979

The Divine Proportion: A Study In Mathematical Beauty, H.E. Huntley, Dover Publications, Inc.,1970

The Elements of Typographic Style, Robert Bringhurst, Hartley & Marks, 1996

50 Years Swiss Poster: 1941-1990, Swiss Poster Advertising Company, 1991

The Form of the Book: Essays on the Morality of Good Design, Jan Tschichold, Hartley & Marks, 1991

The Geometry of Art and Line, Matila Ghyka, Dover Publications, Inc., 1977

The Graphic Artist and His Design Problems, Josef Müller-Brockmann, Arthur Niggli Ltd., 1968

Grid Systems in Graphic Design, Josef Müller-Brockmann, Arthur Niggli Ltd., Publishers, 1981

The Golden Age of the Poster, Hayward and Blanche Cirker, Dover Publications, Inc., 1971

A History of Graphic Design, Philip B. Meggs, John Wiley & Sons, 1998

The Human Figure by Albrecht Dürer, The Complete Dresden Sketchbook, Edited by Walter L. Strauss, Dover Publications, Inc.,1972

Josef Müller-Brockmann, Pioneer of Swiss Graphic Design, Edited by Lars Müller, Verlag Lars Müller, 1995

Leonardo Drawings, Dover Publications, Inc., 1980

Ludwig Mies van der Rohe, Arthur Drexler, George Braziller, Inc., 1960

Mathographics, Robert Dixon, Dover Publications, Inc., 1991

Mies van der Rohe: A Critical Biography, Franz Schulze, The University of Chicago Press, 1985

The Modern American Poster, J. Stewart Johnson, The Museum of Modern Art, 1983

The Modern Poster, Stuart Wrede, The Museum of Modern Art, 1988

The Modulor 1 & 2, Le Corbusier, Charles Edouard Jeanneret, Harvard University Press, 1954

The Posters of Jules Chéret, Lucy Broido, Dover Publications, Inc., 1980

The Power of Limits: Proportional Harmonies in Nature, Art, and Architecture, Gyorgy Doczi, Shambala Publications, Inc., 1981

Sacred Geometry, Robert Lawlor, Thames and Hudson, 1989

Thonet Bentwood & Other Furniture, The 1904 Illustrated Catalogue, Dover Publications, Inc., 1980

The 20th-Century Poster - Design of the Avant-Garde, Dawn Ades, Abbeville Press, 1984

20th Century Type Remix, Lewis Blackwell, Gingko Press, 1998

Towards A New Architecture, Le Corbusier, Dover Publications, Inc., 1986

Typographic Communications Today, Edward M. Gottschall, The International Typeface Corporation,1989

索引

设计新经典 系列丛书

《平面设计中的网格系统》

《视觉传达设计》

《跨媒介广告创意与设计》

《编辑设计》

《插画设计基础》

《图标设计创意》

《设计几何学》

《编排设计教程》

《网格系统与版式设计》

《去日本上设计课1：版式设计原理》

《去日本上设计课2：配色设计原理》

《去日本上设计课3：信息图表设计》